职业教育无人机应用技术专业活页式创新教材

无人机装调与维修

主　编　王　铨　顾小冬

参　编　朱　晶　徐晓明　郑晓庆

机械工业出版社

本书以多旋翼无人机为主要内容，详细介绍了多旋翼无人机及相关搭载设备的组装与调试流程，并针对无人机组装调试过程的重点部分提供了详细的检查测试方案，方便读者判断无人机组装调试是否达到标准。同时，本书还对无人直升机、垂直起降固定翼无人机的组装与调试做了相关介绍。

本书可作为职业院校无人机应用技术专业的装调课程教材，也可作为无人机应用教育培训用书，还可作为从事无人机应用领域的相关人员和无人机应用爱好者的学习资料。

图书在版编目（CIP）数据

无人机装调与维修 / 王铨，顾小冬主编. — 北京：机械工业出版社，2023.8（2025.1重印）
职业教育无人机应用技术专业活页式创新教材
ISBN 978-7-111-73722-3

Ⅰ. ①无… Ⅱ. ①王… ②顾… Ⅲ. ①无人驾驶飞机 – 组装 – 职业教育 – 教材 ②无人驾驶飞机 – 调试方法 – 职业教育–教材 ③无人驾驶飞机 – 检修 – 职业教育 – 教材 Ⅳ. ①V279

中国国家版本馆CIP数据核字（2023）第159474号

机械工业出版社（北京市百万庄大街22号 邮政编码100037）
策划编辑：谢 元　　责任编辑：谢 元 徐 霆
责任校对：薄萌钰 梁 静　　封面设计：张 静
责任印制：郜 敏
中煤（北京）印务有限公司印刷
2025年1月第1版第3次印刷
184mm × 260mm · 8.75印张 · 125千字
标准书号：ISBN 978-7-111-73722-3
定价：45.00元

电话服务　　网络服务
客服电话：010–88361066　　机 工 官 网：www. cmpbook. com
010–88379833　　机 工 官 博：weibo. com/cmp1952
010–68326294　　金 书 网：www. golden-book. com
封底无防伪标均为盗版　　机工教育服务网：www. cmpedu. com

职业教育无人机应用技术专业活页式创新教材

编审委员会

前　言

随着无人机技术的迅猛发展，无人机爱好者与使用者越来越多，无人机相关技术人员的需求也呈现井喷式增长。目前，全国已有几百所高职院校开设无人机应用技术专业，无人机装调与维修课程作为无人机专业的重要支撑和核心课程，也越来越被重视。为进一步增强无人机装调教学的科学性与规范性，规范程序步骤，强化技能提升，不断提高相关人员的分析和解决问题能力，特别是无人机装调与维修的实践动手能力，根据多年工作和教学经验，由山东步云航空科技有限公司牵头，组织相关人员结合全国职业院校无人机应用创新技能大赛专用设备，编写了本书，详细讲解无人机设备的组装、调试及维修。

本书内容主要分为6个能力模块，能力模块一以大赛专用设备BY S-02A为例，详细介绍了多旋翼无人机飞行平台的组装、调试及检修方法；能力模块二、三、四介绍了多旋翼无人机云台相机、植保系统、倾斜摄影相机的组装、调试及检修方法；能力模块五介绍了无人直升机的组装、调试及检修方法；能力模块六介绍了垂直起降固定翼无人机的组装与调试方法。

本书在编写过程中参考了大疆飞控、飞越云台、飞翼航空、金牛座飞控及其他国内外无人机的相关文献资料，在此表示真诚的谢意！

由于编者水平有限，书中难免有不妥之处，真诚地欢迎读者批评指正。

编　者

目 录

模块二　云台相机的装调与检修

模块三　植保系统装调与检修

模块四　倾斜摄影相机装调与检修

模块五　无人直升机装调与检修

模块六 垂直起降固定翼无人机组装与调试

附录

参考文献

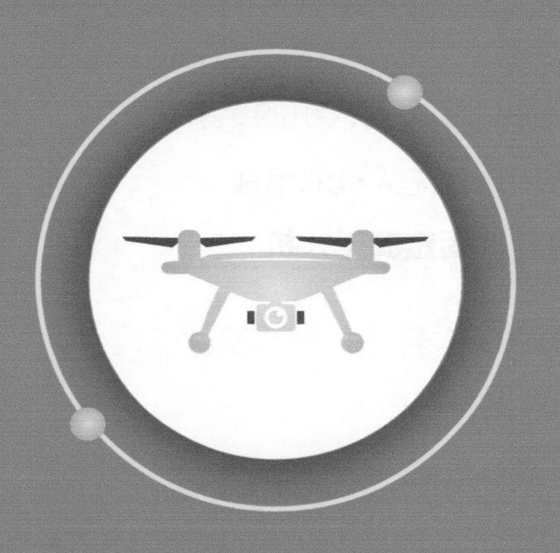

01

模块一

多旋翼无人机飞行平台的装调与检修

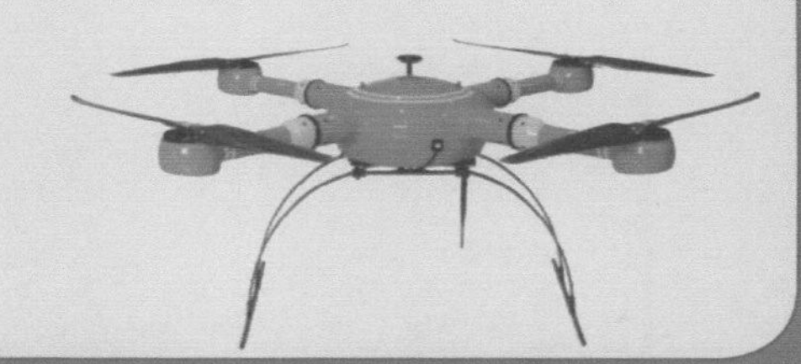

无人机是无人驾驶飞行器（Unmanned Aerial Vehicle，UAV）的简称，主要是利用无线电设备和自备的程序控制装置操纵的飞行器。无人机系统主要包括飞机机体、飞行控制系统（简称飞控系统）、数据链系统、发射回收系统、任务载荷、通信链路、地面支援设备等。

多旋翼无人机飞行平台主要由结构系统、动力系统、飞控系统和数传系统组成。本能力模块以全国职业院校无人机应用创新技能大赛专用设备 BY S–02A 无人机为例，通过 3 个实训任务的训练，对多旋翼无人机飞行平台的装调、检测和故障排除进行讲解，培养学生以下的职业能力和素养。

能力目标

- 能够完成多旋翼无人机的组装
- 能够对组装完成的多旋翼无人机进行调试
- 能够完成对多旋翼无人机的检测
- 能够完成对多旋翼无人机故障的排除

素养目标

- 在组装过程中培养团结协作的能力
- 在工作过程中培养严谨细致的工匠精神
- 培养在实践中分析问题、解决问题的能力

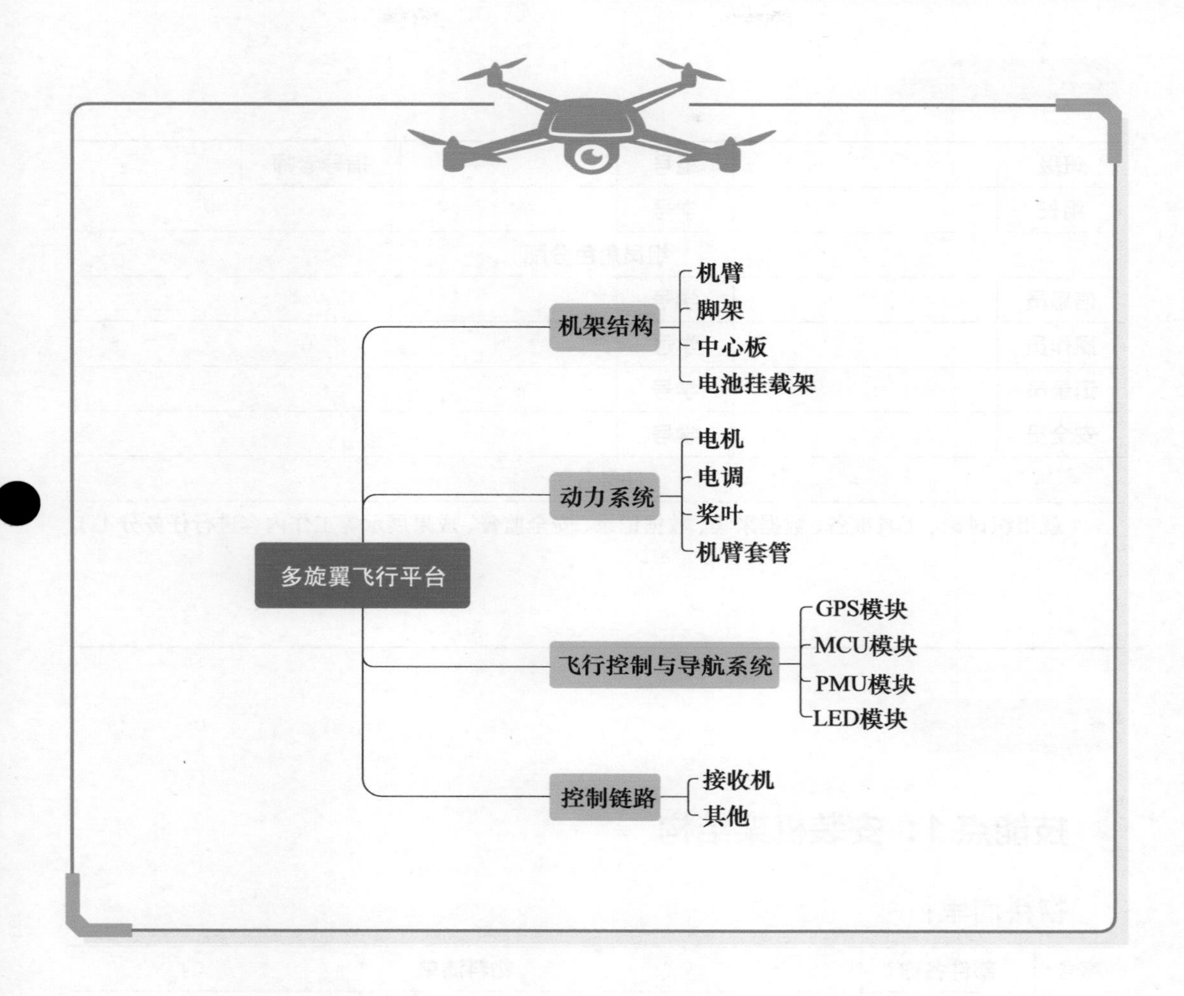

实训任务 1 组装调试多旋翼飞行平台

任务概述

本实训任务包含“安装机架结构”“安装动力系统”“安装飞行控制与导航系统”“安装控制链路”“调试遥控器”“设置地面站控制软件”“调试机架结构”“调试动力系统”“飞行控制与导航系统调试”9 个技能点，请大家在 < 任务实施 > 环节通过对这 9 个技能点的实践学习，逐步掌握多旋翼飞行平台的组装与调试技能。

小组分工

班级		组号		指导老师	
组长		学号			
组员角色分配					
信息员		学号			
操作员		学号			
记录员		学号			
安全员		学号			
任务分工					
（就组织讨论、工具准备、数据采集、数据记录、安全监督、成果展示等工作内容进行任务分工）					

任务实施

技能点 1：安装机架结构

物料清单：

序号	部件名称	物料清单
1	机臂部件	连接件、机臂套管各 4 个，管夹 8 对，M2.5 × 36 螺钉 16 颗
2	脚架部件	脚架支架 2 个、脚架底架 2 个、T 形套管 2 个、橡胶减振套 4 个
3	中心板部件	上下中心板、M2.0 × 6 螺钉 32 颗
4	电池挂载架部件	电池挂载板 1 块、长 60mm、直径为 5mm 的铝柱 4 根、M2.0 × 6 螺钉 8 颗
5	其他	分电板 1 个、尼龙柱 4 个、M2.0 螺钉 8 颗

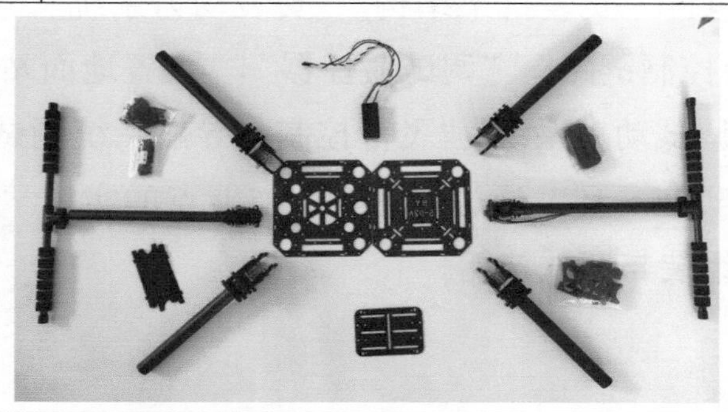

实施步骤与操作要点：

步骤	图示 / 规范	操作要点
1. 安装脚架		将脚架支架和脚架底架使用 T 形套管连接，并用紧定螺钉紧固成 T 形
2. 安装脚架与下中心板		拿出下中心板，找到下中心板底部（注：下中心板没有正反面，找准左右脚架固定位即可）两侧固定脚架的螺钉孔，拿出脚架对准螺钉孔，然后用螺丝刀逐一紧固
3. 安装分电板		将 02A 设备上需要供电的设备的插头焊接到分电板上，利用尼龙柱与螺钉将分电板固定在下中心板下部
4. 安装连接件与机臂		确认连接套件的朝向：只有一根铜制长轴的为中心板支撑件，连接中心板，有一根铜制长轴和一根铝制长轴的为机臂支撑件。其中，机臂支撑件铝制长轴在上、铜制长轴在下为正确朝向 确认连接套件朝向后，将机臂放至机臂支撑件的管夹内，使机臂与管夹外侧齐平，然后紧固螺钉
注意：安装连接件与机臂前先将电调穿过机臂管		
5. 安装电机底座		首先将电机安放在电机底座上，然后固定在机臂的另一端，注意安装电机底座与连接件方向一致且无倾斜

（续）

步骤	图示 / 规范	操作要点
6. 安装机臂与下中心板		拿出已经组装好的下中心板与脚架，分别在下中心板 4 个角找到对应的机臂固定点，进行机臂和下中心板的连接（连接时机臂注意不要安装反了，机臂折叠的方向为下方） 把机臂放至下中心板机臂固定点以后，用螺钉从下中心板底部紧固。完成后，检查机臂折叠朝向是否正确，如确认无误，继续将其他 3 个机臂逐一安装好
7. 安装电池挂载板		安装电池挂载板时，先观察红色长轴安装的形状，然后根据红色长轴安装的形状找到电池挂载板相应的位置进行安装，用螺钉逐一进行紧固 安装电池挂载板前可以先将任务挂载设备安装到电池挂载板下方
8. 安装电池挂载架		拿出长 60mm、直径为 5mm 的铝柱安装至下中心板底部，将铝柱放至下中心板底部相应的位置，用螺钉在下中心板上部相应的位置进行紧固，然后依次安装其他 3 条红色长轴
9. 安装上中心板		上中心板分正反面，上中心板正面中心位置有 BY S-02A 镂空字样，且字头指向机头部分 确认好上中心板正反面以及机头机尾以后，对准机臂连接处，用螺钉进行紧固
注意：上中心板的安装，需在电机和电调以及飞控均已全部完成安装后进行，在调试阶段可将全球定位系统（GPS）模块固定在上中心板上面，上中心板放在机臂连接处，待调试结束没有问题后再进行紧固，以避免提前紧固后在测试阶段发现问题需要重新装调		

技能点 2：安装动力系统

物料清单：

序号	部件名称	物料清单
1	电机部分	电机 4 个、电机座 4 个、管夹 8 对、M2.0×3 螺钉 16 颗、M2.5×36 螺钉 16 颗

（续）

序号	部件名称	物料清单
2	电调	40A 电调 4 个
3	机臂套管	4 个
4	桨叶	正反桨 2 对

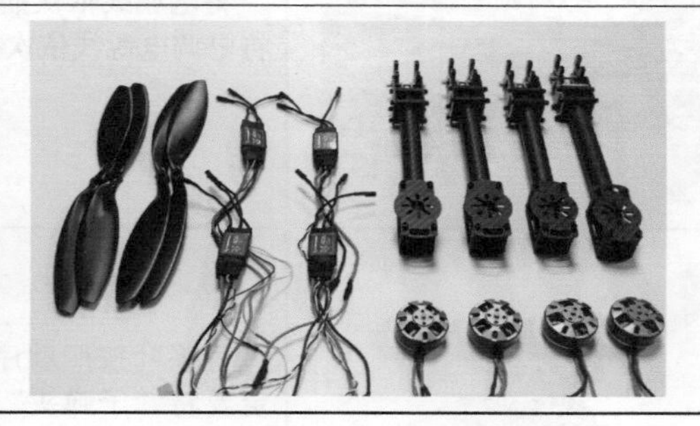

实施步骤与操作要点：

步骤	图示 / 规范	操作要点
1. 安装电机与电机座		把电机固定在电机座上，用 4 颗 3mm 螺钉锁住。为了保持美观性和整体统一，要用量尺测量电机线需要的长度并对其进行裁剪，电机安装的角度要一致
2. 安装电机座与机臂		把管夹放置于电机座与机臂所连接的部位，然后上螺钉，此时螺钉不要拧紧，后续还需要把机臂套入其中 固定好管夹后，把机臂套入其中，此时紧固螺钉，注意机臂和管夹边缘要齐平，依次安装 4 个电机座与机臂
3. 连接电调与电机	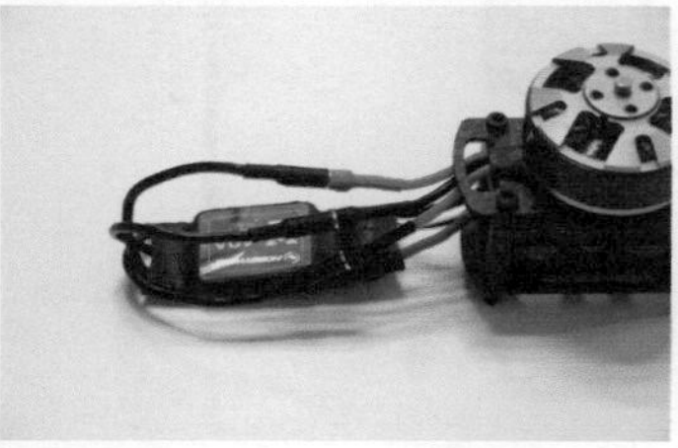	电调安装位置尽量远离飞控，一般安装在电机底座下部，电调的线材用扎带固定。电调也是一个容易受到干扰的设备，远离飞控可以避免互相干扰 在电机和电调校准之前，电机和电调的 3 对香蕉头可以随意对接。香蕉头一定要插牢固，插好后可以使用较小力度轻拉，尝试是否可以分离开，如果少插一根或是连接不牢固，会造成电机缺相抖动

（续）

步骤	图示 / 规范	操作要点
4. 电调与飞控、主电源的连接		将电调线依次插入飞控的 M1~M4 插口，将电调电源线依次插入主电源接口
5. 安装桨叶		将桨叶按照顺序安装在电机上，注意一定要将“子弹头”拧紧，否则起动时电机桨叶会射出
注意：为了安全起见，桨叶安装一般放在调参之后、起飞之前		

技能点 3：安装飞行控制与导航系统

物料清单：

序号	部件名称	物料清单
1	机架	已经组装完成的机架结构，包含动力系统
2	飞控模块	GPS 模块、电源管理模块（PMU）、LED 模块、主控模块（MCU）、GPS 支架
3	其他	3M 胶、环氧树脂 AB 胶

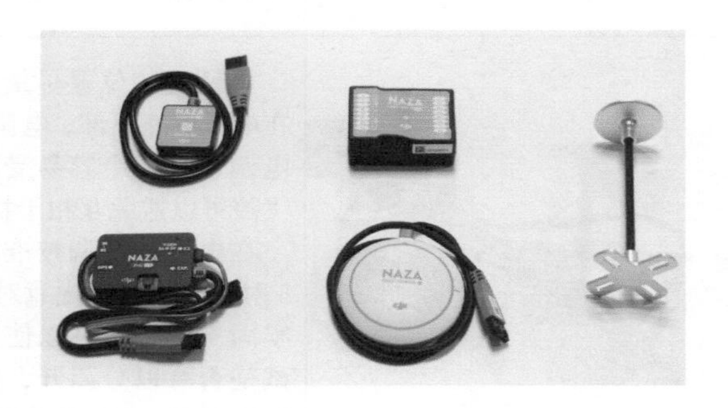

实施步骤与操作要点：

步骤	图示/规范	操作要点
1. 安装 MCU	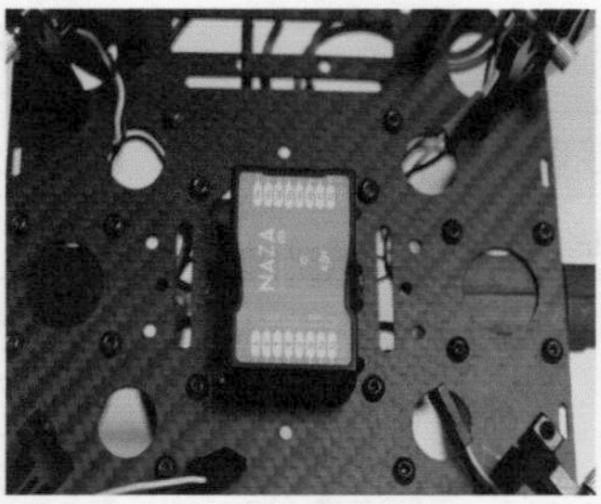	找到无人机的重心，无人机的重心一般在中心板的中间位置。飞控的主控模块一定要安装在机体重心位置。主控模块内置惯性测量单元（IMU），有多种传感器检测数据，机体的三维坐标和飞控的三维坐标要对应 把 3M 胶贴到飞控的底部，表面要贴均匀平整；把主控模块贴到下中心板的中心位置，注意主控模块上有箭头，箭头朝向要与无人机的机头一致
2. 安装 PMU V2 模块		PMU V2 模块的电调线接主控模块的 X3 端口，电源线接入主电路，把 3M 胶贴在 PMU V2 背面，然后把 3M 胶固定在中心板边缘位置，尽量远离主控模块安装
3. 安装 LED 模块		在 LED 模块的背部贴上 3M 胶，将 LED 模块安装在无人机的脚架处，LED 模块的控制器局域网（CAN）口接入主控的 LED 端口
4. 安装 GPS 模块		准备好 GPS 模块，将 GPS 模块的底部提前贴上 3M 胶，要求表面均匀平整 把 GPS 模块贴在 GPS 支杆上，注意 GPS 箭头朝向，GPS 箭头朝向也要和机头方向一致，GPS 的 CAN 线插入 PMU V2 的 EXP. 端口
5. 连接电调与飞控	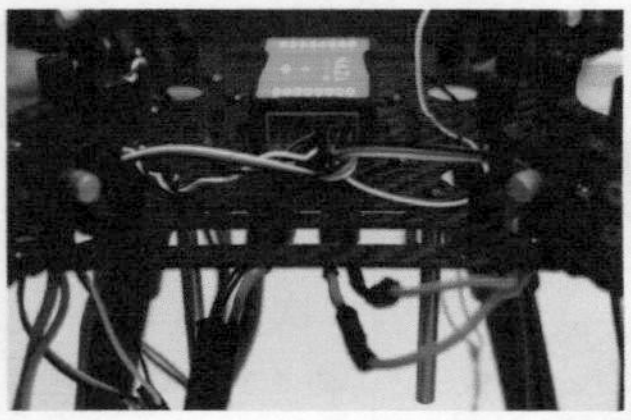	将电调的杜邦线端口分别插入主控模块的 M1~M4 通道

注意：连接电调与飞控时需要保证 M1~M4 的连接顺序正确，以机头朝向为标准，右前方为 M1，逆时针依次为 M2、M3、M4

技能点 4：安装控制链路

物料清单：

序号	部件名称	物料清单
1	接收机	乐迪 R9DS 接收机 1 个
2	其他	3M 胶、舵机线

实施步骤与操作要点：

步骤	图示 / 规范	操作要点
1. 连接舵机线与接收机		将舵机线接入接收机的通道
2. 连接接收机与飞控		将舵机线的另一端接入 X2 端口

技能点 5：调试遥控器

实施步骤与操作要点：

步骤	图示 / 规范	操作要点
1. 对频	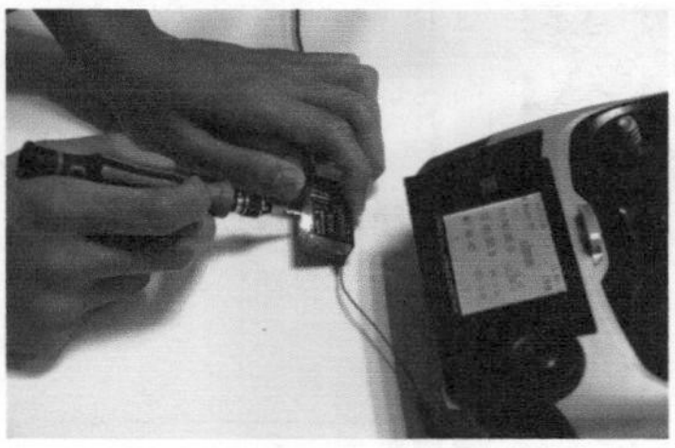	将遥控器和接收机放在一起，距离 1m 以内，分别给遥控器与接收机通电 按下接收机侧面的“ID SET”开关 1s 以上，LED 灯闪烁，指示开始对频 短按接收机侧面的“ID SET”开关 2 次（1s 内），完成 CH9 普通脉宽调制（PWM）信号和 S.BUS 信号切换。其中，蓝色灯为普通信号；红色灯为 S.BUS 信号

注意：若是调试主副控，只需要将主控与接收机对频即可

（续）

步骤	图示 / 规范	操作要点
2. 检查遥控器通道		检查遥控器显示面板微调是否归零 检查遥控器是否为美国手模式。长按“Mode”进入基础菜单，选择“系统设置”，查看摇杆模式是否为 2 退出，进入“机型选择”，设置多旋翼机型 进入“舵量显示”，依次操纵摇杆，观察通道设置是否正确，有无反向
3. 设定飞行姿态		长按“Mode”进入基础菜单，单击“Mode”后选择“姿态选择”，设置控制通道 CH7 及三段开关 SwG

为了安全起见，遥控器需要设置失控保护，移动滑块到失控保护模式使该区域变蓝，并将遥控器的相应通道设置为失控保护。此时如果关闭遥控器，U 通道的滑块应移至失控保护模式并使相应区域变蓝，否则需要重新设置失控保护模式。

主控内建自动平衡的失控保护功能，即在成功设置失控保护后，当主控和遥控器失去联系时，飞控所有命令杆输出回中。如果遥控器只有 4 个通道，那么主控将默认工作在姿态模式下，并且没有失控保护功能。

多旋翼无人机的姿态选择模式有 6 种：手动模式、姿态模式、导航模式、悬停模式、返航模式、辅助模式。每种模式都设置有不同的控制比例，从而输出不同的控制信号。其中，手动模式的默认设置值为 0%；姿态模式默认值为 50%；导航模式为 100%；悬停模式为 25%；返航模式为 75%；辅助模式为 50%。比例为 0% 表示输出信号为 1ms 左右；比例为 100% 表示输出信号为 2ms 左右。操作者可以进行相应的比例调整实现多达 6 种不同的飞行控制模式。

注意：

（1）不要将油门的失控保护位置设置在 100% 满量程以下。

（2）如果未按以上要求正确设置，失控保护将无法正常工作。可以关闭遥控器，然后通过以下方式确认失控保护是否设置正确：观察调参软件界面的底部状态指示栏，控制模式将会显示失控；进入失控保护模式时，LED 灯会呈黄色快速闪烁状态。

（3）接入 GPS 的失控保护状态下，飞行器下降着地后将自动熄火；未接入 GPS 时，飞行器下降着地后将不会自动熄火。

技能点 6：设置地面站控制软件

地面站软件使用的为 DJI PC（个人计算机）地面站，可在地面站软件中进行航线任务编辑，通过与 DJI 2.4G 蓝牙电台连接实现对无人机的控制。

实施步骤与操作要点：

步骤	操作要点
1	连接 2.4G 电台
2	遥控器、地面站、无人机通电
3	打开地面站，单击菜单栏“连接”键，连接无人机
4	编辑飞行航线

技能点 7：调试机架结构

实施步骤与操作要点：

调试部位	操作步骤
1. 连接口	（1）检查连接套件与机臂的接口是否齐平 （2）检查连接套件朝向是否正确 （3）检查螺钉是否全部紧固
2. 机臂折叠件	看机臂能否完全折叠，如果可以完全折叠，那么按照安装方法逐个安装其他机臂。如果不能完全折叠，查看安装步骤，找出原因，重装或者部分重装
3. 脚架	安装脚架时需要注意 2 根底部脚架是否垂直且平行，不要出现外八、内八以及整体倾斜
4. 中心板	中心板下板不分正反面，但是要找准脚架支撑杆的固定位，中心板上板区分正反面以及机头机尾
5. 电池挂载架	安装电池挂载架时，要把电池挂载架安装在机尾部位，因为机头部位还要安装相机云台

（续）

调试部位	操作步骤
6. 螺钉	最后检查所有螺钉的紧固情况，避免有松动或者遗漏的问题出现，因为无人机在起飞后会有大幅度振动，如果有螺钉缺少或者松动的现象，很可能造成安全隐患或飞行事故

技能点 8：调试动力系统

实施步骤与操作要点：

调试部位	操作步骤
1. 电机调试（测试电机旋转的方向）	（1）打开遥控器电源，飞行器接上电源线，然后解锁 （2）轻轻地推动遥控器的油门杆，让电机旋转起来 （3）观察电机的旋转方向是否对应 M1、M3 逆时针，M2、M4 顺时针，记下旋转方向有错的电机序号 （4）把飞行器电源线拔掉，拔下旋转方向有错电机上和电调连接的 3 个香蕉头中任意 2 个，调换位置后再插上去 （5）全部处理好旋转方向出错的电机后，接上飞行器电源线，重新调试检查 2 1 3 4 四旋翼无人机电机旋转方向
2. 电调油门行程校准	（1）校准前准备 ①设备连接。将 4 个电调分别连接好各自对应的电机，主控与 4 个电调信号线、PMU 连线均连接好。将需要校准油门行程的 1 号电调信号线从主控电调输出口拔出，其余 3 个电调保持接好，目的是给机架通电后，其他 3 个电调不会发出滴滴声扰乱 1 号电调的校准过程 ②确认油门通道。校准油门行程前，需要确认接收机 3 通道为油门通道，且有正确油门信号输出，否则校准过程中给电调上电后会出现“哔……”急促单响（未检测到油门信号的警告声） ③电调、发射机与独立电源的连接。将发射机单独拿出来，1 号电调信号线接入发射机 3 通道（注意连接方向：黑色为地线，白色为信号线）。发射机使用独立供电，将接收机通过电调连接线连接至飞控主控，PMU 给飞控供电，飞控给接收机供电（注意：大部分接收机电压为 3.5~8V），并确认发射机与接收机对频连接正常（红色 LED 灯长亮）。确认连接正常后，断开接收机电源 ④设置油门正反向。开控，先检查油门通道输出正反向，向上推油门，滑块应向上滑动，向下拉油门，滑块应向下滑动，如果相反，则打开舵机通道反向设置菜单，设置通道反向

（续）

调试部位	操作步骤
2. 电调油门行程校准	（2）校准步骤 ①校准 1 号电调油门行程。开控，将油门推到最大，然后接通接收机电源，红色 LED 灯长亮，再接通 550 机架电源，给所有设备包括电调上电。此时 1 号电调会发出“哔哔”两声响，听到后在 3s 内将油门拉到最低，会听到 1 号电调“哔”一声响，表示油门行程校准完毕。此时推油门，1 号电机会立即起动，且其转速将响应油门输出。1 号电调行程校准完毕后，将机架断电，接收机断电，关控 ②校准 2~4 号电调油门行程。将 1 号电调信号线插回飞控 M1 电调输出口。拔出 M2 电调输出口中的 2 号电调，插入接收机 3 通道，重复上述步骤校准 2 号电调油门行程，并依序校准 3、4 号电调油门行程 ③再次检查连线。所有电调油门行程校准完成后，再次检查 1~4 号电调信号线是否按照 M1~M4 的顺序插入主控
 AT9S 遥控器	**注意：**电调油门行程校准的重要性： （1）起飞时飞控会根据机身倾斜情况向电调发送指令，然后电调向电机输出，飞控不知道电调是否校准，就会按照默认的指令发送，但电调本身对电机的输出各不相同，虽然飞控发出的指令是一样的，但也会造成无人机的倾覆 （2）起飞时飞控没有那么快的反应补偿，就算手动熟练，协助起飞，但是作用也有限，所以初装电调后，要对 4 个电调全部进行油门行程的校准

技能点 9：飞行控制与导航系统调试

实施步骤与操作要点：

操作步骤	图示 / 规范
1. 安装软件 打开浏览器，搜索网址 https://www.dji.com/cn，打开大疆官网，单击右上角的搜索，输入关键字 Naza-M V2 找到 Naza-M V2 飞行控制系统并下载（根据计算机系统下载软件，有 Windows 和 Mac 系统之分）	软件与驱动 NM Naza-M V2 Assistant Software 调参软件 软件下载 Mac V2.40 2015-06-12 dmg Windows V2.40 2015-06-12 exe zip DJI WIN 驱动程序 软件下载 Windows 2013-01-18 exe zip
注意：Naza-M V2 调参软件支持 Windows 7 及 Windows XP 系统	

（续）

<table>
<tr><th>操作步骤</th><th>图示 / 规范</th></tr>
<tr><td>2. 连接
将飞控通过 USB 数据线与计算机连接
查看调参软件下面的主控输出，如果主控输出是关闭的，这个时候就代表连接上了，并且左下角的指示灯在闪烁，代表通信正常</td><td>
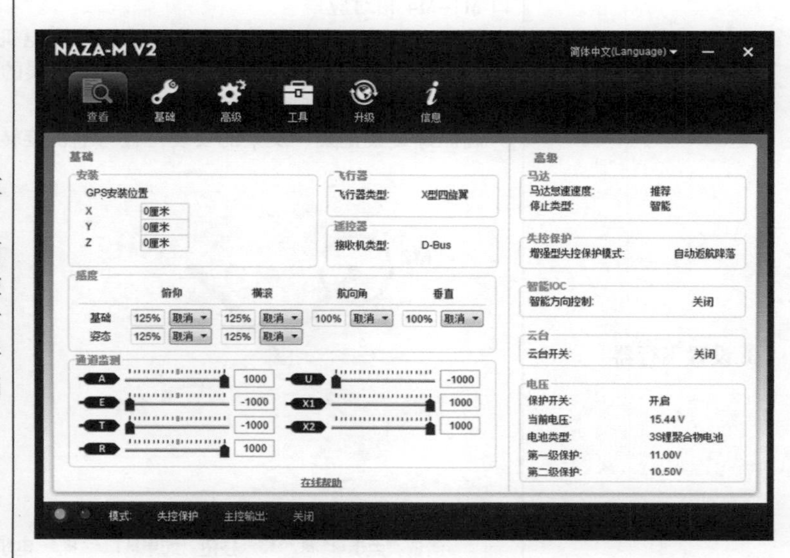

</td></tr>
<tr><td>3. 设置飞行器</td><td>（1）飞行器类型选择。选择 X 型四旋翼飞行器
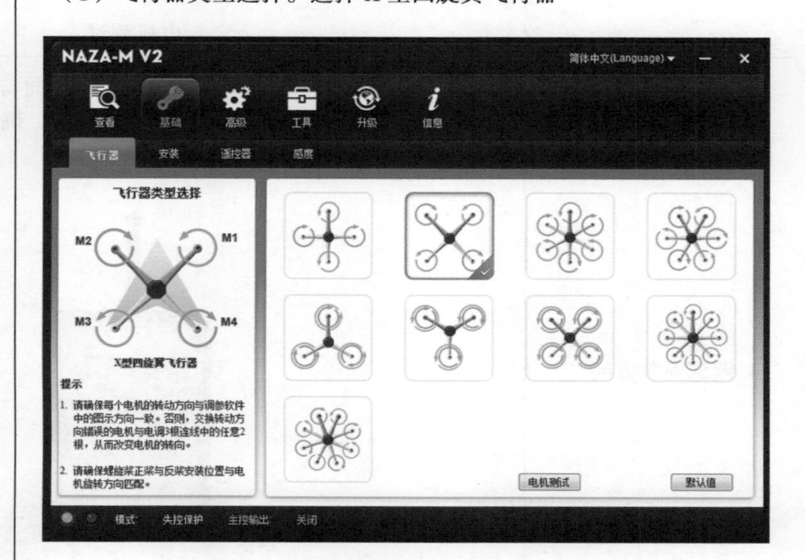

飞行器类型选择</td></tr>
</table>

（续）

操作步骤	图示 / 规范
3. 设置飞行器	（2）电机测试。每种飞行器类型图中标记的 M1~M4 与主控输出端口 M1~M4 相对应 箭头表示电机和桨的旋转方向。确保每个电机的旋转方向与调参软件中的图示方向一致。否则，交换旋转方向错误的电机与电调 3 根连线中的任意 2 根，从而改变电机的转向 确保螺旋桨正桨、反桨的安装位置与电机旋转方向匹配 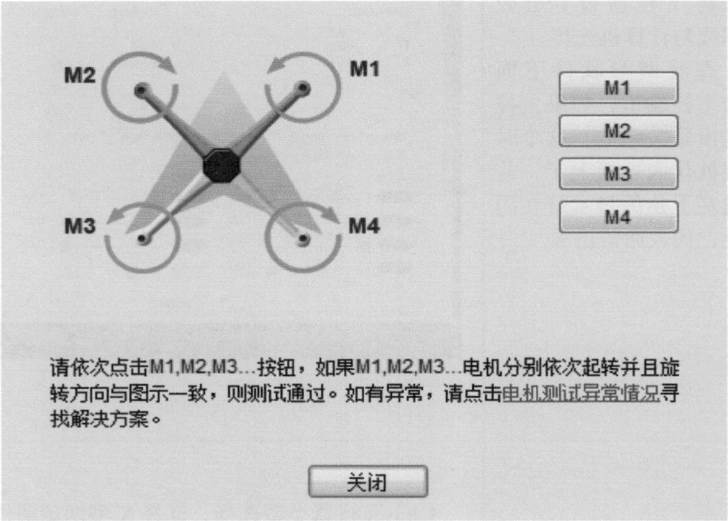 M2 M1 M3 M4 M1 M2 M3 M4 请依次点击M1,M2,M3...按钮，如果M1,M2,M3...电机分别依次起转并且旋转方向与图示一致，则测试通过。如有异常，请点击电机测试异常情况寻找解决方案。 关闭 电机测试
4. 调试安装方向	（1）主控模块调试。使电调输出端口的朝向与飞行器机头方向一致。安装主控模块时，尽量安装在靠近中心位置，确保主控模块印有标记的一面朝上，并使其与机身水平面保持平行 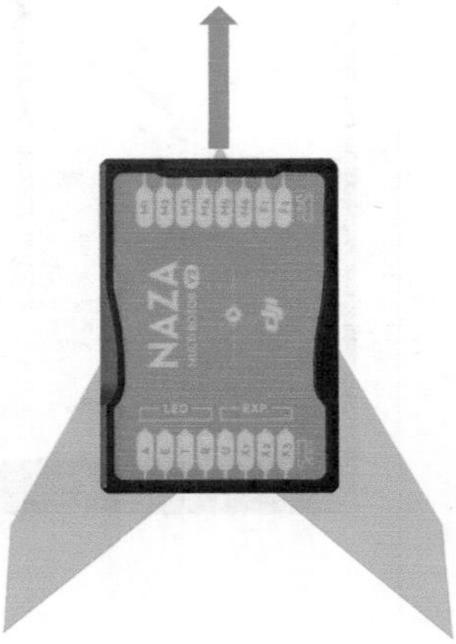 主控模块安装方向

（续）

<table>
<tr><th>操作步骤</th><th>图示 / 规范</th></tr>
<tr><td>4. 调试安装方向</td><td>（2）GPS 模块调试
① GPS 模块安装有方向要求，印有箭头的一面朝上，并且箭头指向飞行器的正前方 
GPS 模块安装方向
②填入 GPS 模块体心位置与飞行器重心的相对距离，注意写入 X、Y、Z 轴的数值 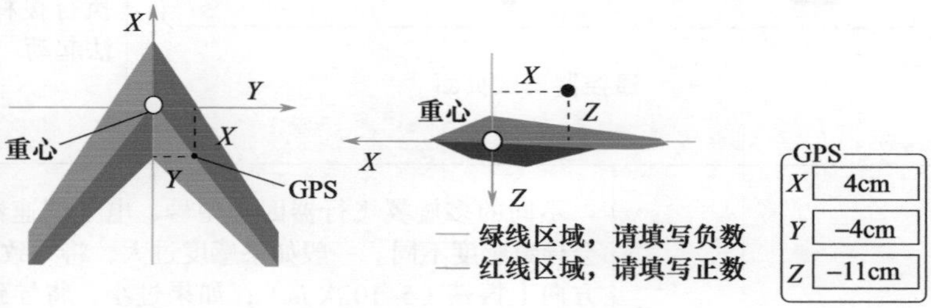
X Y 重心 X Y GPS X 重心 Z X Z 绿线区域，请填写负数 红线区域，请填写正数 GPS X 4cm Y −4cm Z −11cm
GPS 模块安装位置</td></tr>
<tr><td colspan="2">注意：将电池、相机云台和相机等所有飞行中用到的负载全部安装在机身上。平衡负载，使飞行器的重心位于飞行器中心</td></tr>
<tr><td>5. 飞控中遥控器调试
定义摇杆：
A：滑块向左飞行器向左，滑块向右飞行器向右
E：滑块向左飞行器向后，滑块向右飞行器向前</td><td>（1）首先把所有通道的最大值、最小值设为默认值（100%），把遥控器上所有摇杆的微调设为 0。因为要记录遥控器各操作通道的最大值、最小值，将所有曲线设置为默认
（2）单击开始按钮，推动所有通道对应的摇杆使其活动到最大工作范围并重复几次
（3）完成以上操作后，单击结束按钮
（4）如果滑块的移动方向和滑块移动定义相反，单击旁边的反向 / 正常按钮调整</td></tr>
</table>

（续）

<table>
<tr><th>操作步骤</th><th colspan="2">图示 / 规范</th></tr>
<tr><td>T：滑块向左减小油门，滑块向右增大油门
R：滑块向左机头向左，滑块向右机头向右</td><td colspan="2">（5）控制模式切换。将接收机上对应的端口接入主控的 U 通道。在不同档位，需用遥控器中的 end-point 微调功能，将软件中输入通道 U 所示的滑块分别移至手动（手动模式）、姿态（姿态模式）、与 GPS（GPS 姿态模式）并使相应区域变蓝
移动滑块，即使用 end-point 调节所选通道
对于三位开关，可以设置为 GPS 姿态模式—姿态模式—手动模式
对于二位开关，可以根据用户的需要设置 3 个模式中的任意 2 个</td></tr>
<tr><td colspan="2">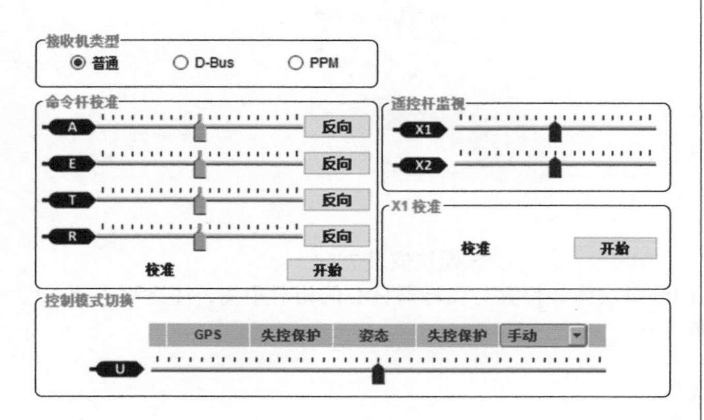

遥控器调试页面</td><td>注意：
（1）摇杆在中位时相应的滑块也应该在中位。如果在校准时发现摇杆在中位时滑块无法回到中位，属正常现象，单击结束，滑块会自动回中。如果仍然没有在中位，需要重启主控，主控启动过程中不要拨动摇杆
（2）如果摇杆的微调不为 0，执行拨杆动作时电机将有可能无法起动</td></tr>
<tr><td>6. 调整感度
通常采用默认参数就可以，默认值为 100%</td><td colspan="2">不同的多旋翼飞行器因为型号、电子调速器、电机和螺旋桨的不同会导致感度不同。一般如果感度过大，将导致飞行器在该参数所对应的方向上振荡（5~10 次 /s）；如果过小，将导致飞行器难以控制，需要调节飞行器的俯仰、横滚、飞行航向和垂直方向的感度，调节的幅度在 10%~15% 之间，以便让飞行器拥有更好的飞行表现
对于俯仰、横滚的基础感度，在拨动俯仰、横滚杆之后马上松杆，飞行器应该会自动回到悬停状态。如果飞行器在回到悬停状态过程中反应很温和，或者有较大延迟，需要慢慢加大基础感度（每次 10%~15%），直到松杆的瞬间出现振动的状态。再略微降低感度直到前述的振动现象正好消失，此时为合适感度，但飞行器改变姿态的速度变慢，需按照姿态感度调整方法来调整姿态改变速度。尾舵感度调整和普通锁尾陀螺的调试一样。如果想打杆后反应速度快些就加大感度，慢一些就降低感度。但多旋翼飞行器是靠桨叶旋转产生的反扭矩来改变航向角的，而反扭矩的力度有限，因此过大的感度也不会引起像直升机机尾一样的振荡，而是会导致电机在起动和停止时反应过于强烈，从而影响其他方向的稳定</td></tr>
</table>

（续）

<table>
<tr><th>操作步骤</th><th colspan="2">图示 / 规范</th></tr>
<tr><td>6. 调整感度
通常采用默认参数就可以，默认值为 100%</td><td colspan="2">判断垂直感度是否合适，可以观察油门杆在中位时飞行器是否可以锁定当前高度
飞行器在飞航线时飞行高度不会大幅变化。可以先慢慢增加该感度（每次 10%）直至出现上下振荡或油门杆反应过于灵敏，然后再减小 20%，此时为合适感度
姿态感度决定打杆时姿态响应速度的快慢，感度越大响应越快。增大感度可以获得更直接的姿态响应，放手悬停时飞行器回平的速度也更快。但感度太大会造成控制感受过于僵硬，并且飞行器在飞行时会出现不稳定的晃动，感度太低会造成控制感受过于柔和</td></tr>
<tr><td colspan="2"> 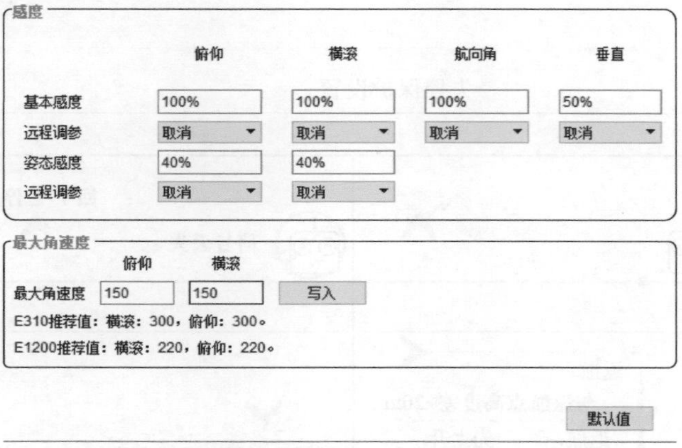感度
俯仰　横滚　航向角　垂直
基本感度　100%　100%　100%　50%
远程调参　取消　取消　取消　取消
姿态感度　40%　40%
远程调参　取消　取消
最大角速度
俯仰　横滚
最大角速度　150　150　写入
E310推荐值：横滚：300，俯仰：300。
E1200推荐值：横滚：220，俯仰：220。
默认值
基本参数调试</td><td>提示：如果第一次调参，可以按如下方式调节基本参数
（1）参数每次调大 10%，直到多旋翼飞行器能够悬停或者出现轻微的抖动
（2）参数每次减小 10%，直到飞行器能够悬停，再减小 10%</td></tr>
<tr><td colspan="3">注意：在第一次使用之前先升级固件，之后在第一次调参时必须单击默认值。垂直方向上的感度对手动模式没有影响。飞行器的实际飞行性能，取决于飞控系统参数和飞行器的整机配置（包括机械机构、电机、电调、桨叶、电池）。但是如果整机配置不合适，则无法通过调整飞控系统参数来得到良好的飞行状态。所以如果对飞行性能要求较高，那么一定要选择已经过验证的整机配置</td></tr>
<tr><td>7. 失控保护设置
任何控制模式下，当主控失去控制信号时，该方式会被触发</td><td colspan="2">信号丢失的情况有以下两种：
（1）遥控器和接收机之间的信号丢失。比如飞行器在遥控器通信范围之外，或遥控器故障等
（2）主控和接收机之间 A、E、T、R、U 通道中的其中一个或一个以上的连接断开。如果这种情况发生在起飞前，推油门杆后电机不会起转；如果发生在飞行过程中，失控保护模式被触发，LED 将闪烁黄灯警告。此时需要选择一种失控保护方式，如自动下降或者自动返航降落。自动下降：悬停 6s 后降落。自动返航降落：起飞前主控在找到 6 颗或更多的卫星（红灯闪烁一次或不闪烁）8s 后，将第一次推动油门杆时自动记录的当时飞行器位置设为返航点
切入手动或姿态模式后，主控会退出增强型失控保护模式，此时可以重新获得对飞行器的控制权</td></tr>
</table>

（续）

操作步骤	图示 / 规范
7. 失控保护设置 任何控制模式下，当主控失去控制信号时，该方式会被触发	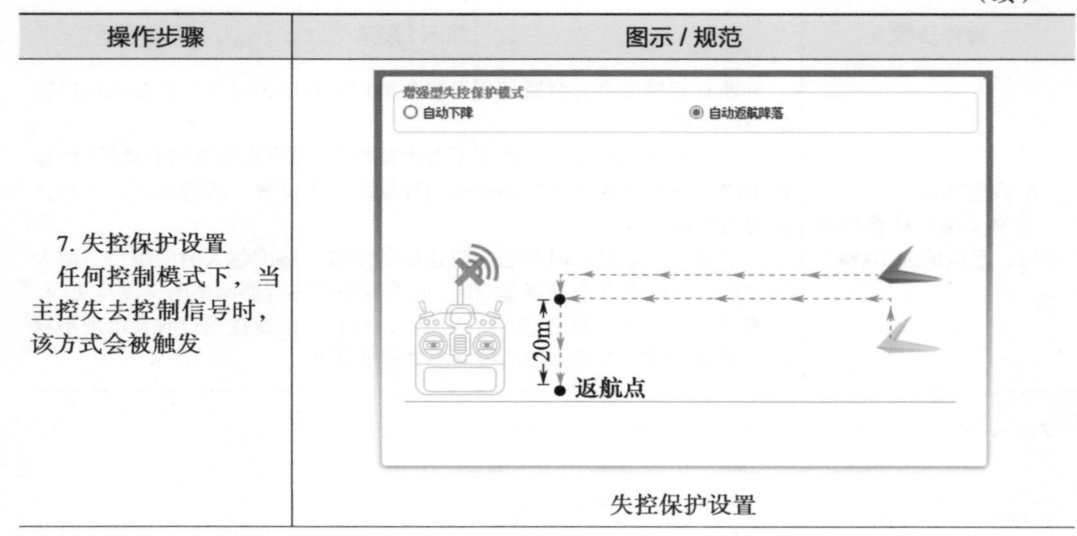 失控保护设置

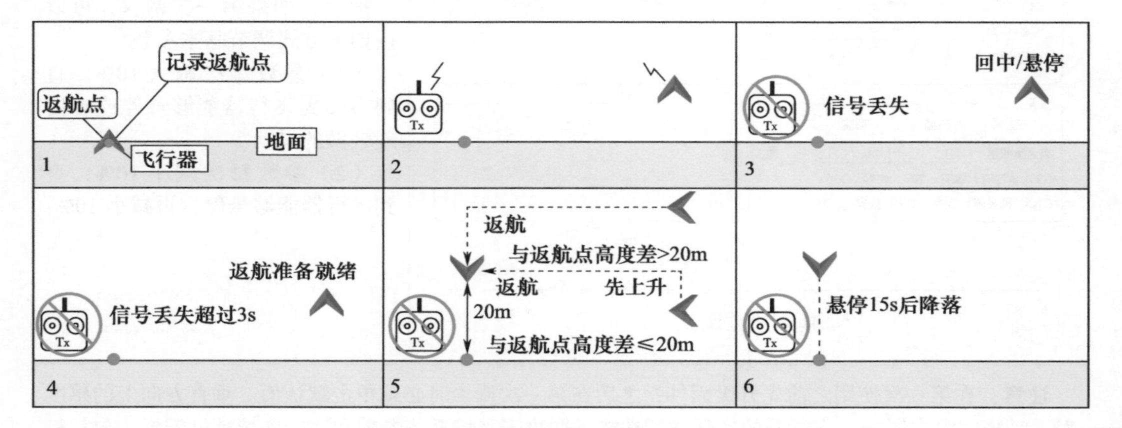

失控返航示意图

操作步骤	图示 / 规范
8. 警告电压设置 为了避免电池电压过低而造成摔机等严重后果，需要设置两级低电压保护措施	（1）确保主控和多功能模块间的连接（V-SEN 至 X3）没有问题，否则低电压保护将无法正常工作。所有两级保护都默认有 LED 闪灯警告，两级保护都是高频闪红灯。手动模式下开启低电压保护，只有 LED 警告，无任何自动动作 （2）接上动力电池，并将主控和计算机连接后显示当前电池电压。如果调参软件显示的当前电压与使用电压计测得的电池电压不同，需要进行电压校准。单击校准，在弹出的对话框中的校准栏内填入刚才测得的电压值，然后单击确定。同时需要在该栏内选择所使用的电池型号，以便主控自动生成默认警告电压和警告电压范围 无负载电压：测量得到的动力电池的警告电压 线损电压：飞行器实际飞行时的电源电压降 有负载电压：飞行器实际飞行时的电源电压。该电压为实际主控监视的警告电压

（续）

操作步骤	图示 / 规范

警告电压设置

注意：获取线损电压的方法：

（1）确保飞行器能够在电池电量充足的情况下正常飞行

（2）选用充满电的电池，并在调参软件中开启低电压保护，观察当前电池电压。在第一级保护的无负载栏内填写一个合理的警告电压值（推荐填入小于当前电压 1V、高于电池额定电压最小值的值）。在线损电压栏内先填入 0.00V

（3）进行近距离飞行，直到第一级电压保护措施生效，开始闪烁，此时应立刻降落

（4）将主控连接计算机，打开调参软件，获取新当前电池电压，该电压值和之前填入的第一级无负载电压的差值即为线损电压

实训任务 2　飞行平台检查测试

任务概述

本实训任务包含“检查整机完整性、平衡性”“检查电机和桨叶转向”“检查飞控连线及设置”“测试飞行器定位、定高性能”“测试遥控器打杆响应”“测试地面站控制响应”“测试整机机动性”7个技能点，请大家在<任务实施>环节通过对这7个技能点的实践学习，逐步掌握多旋翼飞行平台的各功能区检测技能。

小组分工

班级		组号		指导老师	
组长		学号			
组员角色分配					
信息员		学号			
操作员		学号			
记录员		学号			
安全员		学号			
任务分工					
（就组织讨论、工具准备、数据采集、数据记录、安全监督、成果展示等工作内容进行任务分工）					

任务实施

技能点 1：检查整机完整性、平衡性

实施步骤与操作要点：

检查项目	操作流程
1. 机身结构检查	起飞前要对机身整体结构进行全面的检查，重点是螺钉的紧固，需要用螺丝刀将每一颗螺钉紧固一遍，对于固定电机、固定机臂的螺钉要用螺丝胶加固；用尺子或平衡仪对电机座和中心板角度进行调整，首先调整脚架，将中心板调整水平，然后以中心板为标准，调整 4 个电机座，使 4 个电机座和中心板的角度一致

（续）

检查项目	操作流程
2. 机身振动检查	在没有安装螺旋桨的情况下，通电后解锁推油门，此时电机在没有负载的情况下高速旋转，会产生高频振动，继而传导给飞行器整个机身，注意观察4个电机的振动情况和4个机臂的抖动情况，如果4个电机振动差别太大，就要检查电机转子和定子的缝隙，缝隙过大，就要更换电机
3. 电机同步检查	解锁后缓慢推油门，当油门量达到一个值时，电机就开始旋转，注意4个电机旋转是否同步，如果出现一个或是两个电机转动较慢或是较快的情况，是不正常的，需要进行再调试。首先重新校准油门行程，其次检查飞控安装是否水平，或检查飞控传感器有没有报错提示

技能点2：检查电机和桨叶转向

实施步骤与操作要点：

检查项目	操作流程
1. 电机底座的朝向及正反	以电机底座末端有向外突出部分的为上端，没有向外突出部分的为下端
2. 电机座与机臂的连接	（1）检查电机座与机臂连接口是否齐平 （2）检查螺钉是否全部紧固 电机调试完成后，需要查看电机是否有振动、抖动或者异响，如没有明显振动、抖动和异响，说明电机安装符合标准
3. 电机转向检查	轻轻地推动遥控器的油门杆，让电机旋转起来，观察电机的转向。多旋翼以机头指向为判断标准，右前方为M1，搭配逆时针电机；左前方为M2，搭配顺时针电机；左后方为M3，搭配逆时针电机；右后方为M4，搭配顺时针电机
4. 桨叶检查	M1、M3配正桨，即标有“CCW”的桨叶；M2、M4配反桨，即标有“CW”的桨叶

技能点3：检查飞控连线及设置

实施步骤与操作要点：

步骤	操作要点
1	检查Naza飞控是否在中心位置且箭头指向机头前方
2	检查各电调与飞控连线是否正确，飞控M1~M4插口分别对应M1~M4机臂的电调线
3	检查PMU V2的EXP.是否正确连接到飞控的EXP.通道
4	检查LED显示灯是否正确连接到飞控的LED通道
5	检查GPS是否正确连接到PMU V2的GPS通道

（续）

步骤	操作要点
6	检查 PMU V2 的红黑粗线（电源线）是否正确焊接，检查是否连接到分电板
7	检查 PMU V2 的 X3 线是否正确连接到飞控的 X3 通道
8	检查接收机是否正确插入飞控的 X2 通道
9	连接飞控软件，检查飞控位置及 GPS 位置设置是否正确

技能点 4：测试飞行器定位、定高性能

实施步骤与操作要点：

测试流程	具体内容
性能测试	（1）检查 GPS 蘑菇头是否指向机头正前方，若未指向，无人机起飞后会发生小范围自旋 （2）遥控器控制无人机在 GPS 模式下起飞至 2m 高度悬停，测试其定位性能；姿态模式下起飞至 2m 高度悬停，检查其定高性能 （3）若在测试阶段无人机无法悬停定位，降落无人机进行检查，检查指南针、GPS、感度设置、遥控器设置 （4）在进行定位测试时注意避免高大障碍物，避免磁场干扰
原因分析	（1）GPS 信号差，如果有严重遮挡，GPS 定位会出现较大幅度的漂移，进而导致定点定不住 （2）遥控器有偏移值，可能是遥控器没有校准好 （3）无人机绕圆周运动。指南针没有校准好，导致飞控对机头方向的估计与实际航向不一致，无人机一直绕某个点画圆。此时需要重新校准指南针。并且指南针容易受其他电子设备干扰，导致数据异常影响飞行，甚至导致飞行事故。经常校准可以使指南针工作在最佳状态
解决方法	（1）GPS 应安装在机体上方，远离电调、接收机等电子设备，保证无遮挡 （2）重新校准遥控器；检查是否拨动了遥控器的微调，若有拨动需要重置 （3）重新校准指南针 ①开始校准。拨动模式开关，由 P 档切换为 F 档，快速切换 5~8 次，直到黄灯常亮 ②抬起无人机保持水平，绕一点平稳缓慢地将无人机旋转大约一圈，当绿灯常亮时停住 ③将机头垂直朝下，绕一点平稳缓慢地旋转大约一圈，直到模式灯正常闪烁（如果未出现单色灯常亮，即为正常闪烁，如果出现单色灯常亮，需要重新校准），表示校准成功 ④若校准完成后，飞行器状态指示灯仍显示红黄交替闪烁，则表示指南针受到干扰，应转移至其他地点再进行校准

（续）

测试流程	具体内容
校准时需要注意： （1）请勿在强磁场区域校准，如磁矿、停车场、带有地下钢筋的建筑区域等 （2）校准时请勿随身携带铁磁物质，如钥匙、手机等 （3）请勿在大块金属附近校准 （4）请勿在室内校准指南针	

技能点 5：测试遥控器打杆响应

实施步骤与操作要点：

测试流程	具体内容
连接调参软件测试	遥控器开机，飞行器连接地面站调参软件，打开遥控器校准界面，依次打杆检查遥控器通道是否有反置的，行程量是否正常，通过拨动模式开关查看模式档位是否设置正确
训练场试飞	在训练场打开遥控器，无人机通电，遥控器控制无人机起飞后尝试性打杆，所有杆分别试一遍，检查各通道的响应情况；尝试性测试后可由有经验的教员进行暴力测试，在极限范围内进行打杆测试，初学者切记不可尝试暴力测试

技能点 6：测试地面站控制响应

实施步骤与操作要点：

步骤	操作要点
1	检查是否连线接头松动或者没有连接
2	地面站与无人机分别通电，地面端电台连接至计算机，打开大疆地面站软件，单击连接无人机
3	检查串口是否设置正确、串口波特率是否设置正确、地面站与飞行器的数传频道是否设置一致、飞行器上的 GPS 数据是否送入飞控，其中只要有一个环节出问题就无法通信，检查无误后重新连接检查
4	如果检查无误后还是连接不上，重启地面站计算机和飞行器电源，一般都可以连上地面站
5	检查 GPS 是否正确连接到 PMU V2 的 GPS 通道
6	检查 PMU V2 的红黑粗线（电源线）是否正确焊接，检查是否连接到分电板

技能点 7：测试整机机动性

实施步骤与操作要点：

测试项目	操作流程
电机怠速测试	无人机通电，遥控器油门杆推至中位，观察电机转动情况，电机是否同时响应
飞行性能测试	（1）飞行器通断电顺序。起飞前先上遥控器电，再上飞行器电；降落时先断飞行器电源，再关遥控器电源。飞行器起飞前上电顺序为先连接电源负极，后连接正极，断电顺序为先断电源正极，后断电源负极 （2）检查各系统 ①检查电调指示音是否正确，LED 指示灯闪烁是否正常 ②检查各电子设备有无异常情况（如异常振动、异常声音、异常发热等） ③检查云台工作是否正常 ④解锁并轻微推动油门杆，观察各个电机是否旋转正常 （3）基础飞行测试 ①通电后做基础飞行动作，包括前飞后飞、左飞右飞、上升下降、偏航运动，观察无人机响应情况 ②做紧急制动动作，观察无人机响应情况 ③ GPS 模式、姿态模式下分别测试，观察无人机响应情况 ④做暴力测试，在无人机运动的极限范围内测试 ⑤进行反打杆测试，例如在向左运动或偏转时，突然向右打杆，观察无人机响应情况

实训任务 3　飞行平台的故障排除

任务概述

本实训任务包含“排除电机座倾斜故障”“排除电机桨叶转向故障”“排除飞控模块连接故障”“排除数据传输故障”4 个技能点，请大家在 < 任务实施 > 环节通过对这 4 个技能点的实践学习，逐步掌握多旋翼飞行平台的故障排除。

小组分工

班级		组号		指导老师	
组长		学号			
组员角色分配					
信息员		学号			
操作员		学号			
记录员		学号			
安全员		学号			
任务分工					
（就组织讨论、工具准备、数据采集、数据记录、安全监督、成果展示等工作内容进行任务分工）					

任务实施

技能点 1：排除电机座倾斜故障

电机底座的平整度将直接影响无人机的性能，电机底座倾斜或弯曲会导致电机不平整，破坏无人机四轴间的扭矩平衡。

实施步骤与操作要点：

步骤	检查内容
1	观察电机底座倾斜度，若底座弯曲，尽快更换新的电机座
2	用水平柱或手机水平仪检查电机座角度，调整电机座位置尝试减小倾斜度
3	检查螺钉是否缺失或松动，固定好电机座后调整 4 个电机座至角度一致

技能点 2：排除电机桨叶转向故障

实施步骤与操作要点：

故障点	原因分析	解决方法
1. 单数电机桨叶转向错误	连接电机与电调过程中出现接线错误	电机与电调之间的两根线互换位置
2. 双数电机桨叶转向错误	在安装过程中正反转电机位置安装错误	正反转电机互换位置

技能点 3：排除飞控模块连接故障

实施步骤与操作要点：

步骤	检查内容
1	先开遥控器，再接通飞行器电源
2	在系统通电 5s 内，请勿大幅度晃动飞行器，等待系统初始化。正常闪灯为红绿黄交替闪烁。接下来，可能会有 4 次黄灯快闪，4 次黄灯快闪期间无法起动电机（飞行器进行预热）
3	待 4 次黄灯快闪消失后，拨动遥控器上的控制模式开关，观察 LED 指示灯，确保其工作正常
4	根据 LED 指示灯判断故障： （1）LED 闪一组红绿黄，说明 IMU 数据异常，或需要进行 IMU 高级校准 （2）LED 闪 6 次绿色，说明飞行器有晃动或传感器零偏（bias）过大 （3）LED 频闪黄色，说明遥控器信号丢失，进入失控保护 （4）LED 闪 4 次红色，说明遥控器摇杆中位异常 （5）LED 红黄常闪，说明指南针误差过大，需要重新校准 （6）LED 闪 1 次黄色、3 次红色，说明当前控制模式处于姿态模式，并且 GPS 信号极差

（续）

步骤	检查内容

飞控系统状态	闪灯序列
系统初始化和自检查	●●●●●●●●●●●●●
IMU数据异常，或需要进行IMU高级校准	●●●
上电后预热	●●●●
飞行器有晃动或传感器零偏过大	●●●●●●
指南针误差过大，需要重新校准	▬▬
遥控器信号丢失，进入失控保护	●●●●●●●●●●●●●●●●●●●●
遥控器摇杆中位异常	●●●●
低电压警告或异常警告（如：配置错误、遥控器数据错误、开启低电压保护但没有连接PMU、序列号错误、指南针工作异常）	●●●●●●●●●●●●●●●●●●●●
智能方向控制（IOC）模式记录飞行前向或返航点	●●●●●●●●●●●●●●●●●●●●
控制模式指示	手动模式：不闪灯 姿态模式:●（有摇杆不在中位 ●●） GPS模式:●（有摇杆不在中位 ●●） 智能方向控制模式:●●（有摇杆不在中位 ●●●）
GPS信号状态指示（需接入GPS模块）	信号良好（GPS卫星数目>6）：不闪灯 信号一般（GPS卫星数目=6）：● 信号差（GPS卫星数目=5）：●● 信号极差（GPS卫星数目<5）：●●●

指南针校准	闪灯序列
开始水平校准	▬▬▬▬▬▬▬▬
开始垂直校准	▬▬▬▬▬▬▬▬
校准失败	●●●●●●●●●●●●●●●●●●●●

LED提示灯描述

技能点 4：排除数据传输故障

数据传输故障可能是线路问题，也可能是设备问题。

实施步骤与操作要点：

故障描述	排除方法
1. 线路错误或磨损	（1）检查线路连接情况，特别是接口处连接 （2）发现线路有磨损及时用绝缘胶带粘固或更换新线

（续）

故障描述	排除方法
2. 电台故障	（1）检查2.4G蓝牙电台两个终端指示灯是否正常，两终端距离是否大于1.5m （2）检查机载端与PC的连线是否正常，蓝牙模块指示灯是否为绿灯 （3）如果以上均正常则重新上电，如果多次上电后仍然有故障，则可能是硬件故障，如天线故障，更换新的电台进行测试

任务评价

实训任务的评价指标及评分标准，详见“附录A 多旋翼无人机飞行平台组装调试评分标准”。

拓展课堂

2018年夏天，小张同学参加哥哥的婚礼，现场有一台DJI Phantom 4在空中实时拍摄，小张同学看到这个正在天空中飞行的无人机非常好奇，在与飞手沟通后简单试飞，从此开始喜欢上了无人机。经过一段时间的学习后，小张同学了解到操控无人机飞行与开汽车一样，都需要持证，于是开始了解无人机培训的相关信息。

无人机驾驶员

★轻型无人机驾驶员应当年满14周岁，未满14周岁应当有成年人现场监护；小型无人机驾驶员应当年满16周岁；中型、大型无人机驾驶员应当年满18周岁。

★民用无人机驾驶员培训包括安全操作培训和行业培训。

★安全操作培训包括理论培训和操作培训，理论培训包含航空法律法规和相关理论知识，操作培训包含基本操作和应急操作。安全操作培训管理由国务院民用航空主管部门负责。

★行业主管部门对民用无人机行业应用有特殊要求的，可实施行业培训，行业培训包括任务特点、任务要求和特殊操控等培训。培训管理由行业主管部门负责。

02

模块二

云台相机的装调与检修

实训任务 1　云台相机的组装

实训任务 2　云台相机的调试

实训任务 3　云台相机的故障排除

拓展课堂

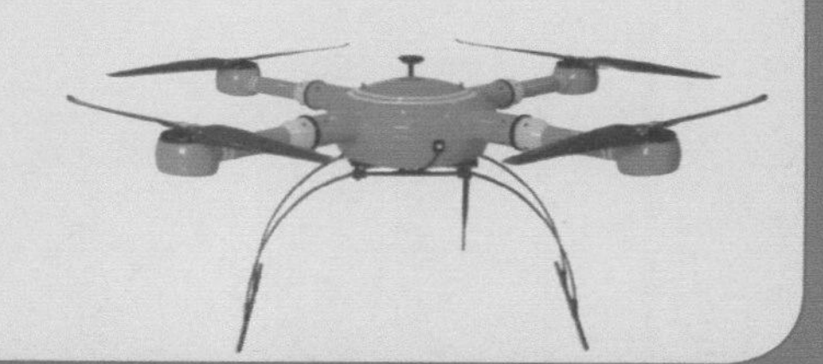

无人机广泛应用于各行各业，根据不同的任务需求，无人机可以搭载不同的任务设备。目前无人机应用最广泛、最成熟的任务载荷之一就是用于航空拍摄的云台相机。

无人机航拍搭载的任务设备是“相机”，我们将各种拍摄仪器统称为相机。云台是无人机用于安装、固定相机等任务载荷的支撑设备。

能力目标

- 能够完成云台相机的组装
- 能够对组装完成后的云台相机进行调试
- 能够正确设置云台相机的参数

素养目标

- 在组装过程中提高解决问题的能力并养成批判性思维
- 在工作过程中提高承担风险的能力和责任心
- 培养持之以恒的精神和勇于创新的精神

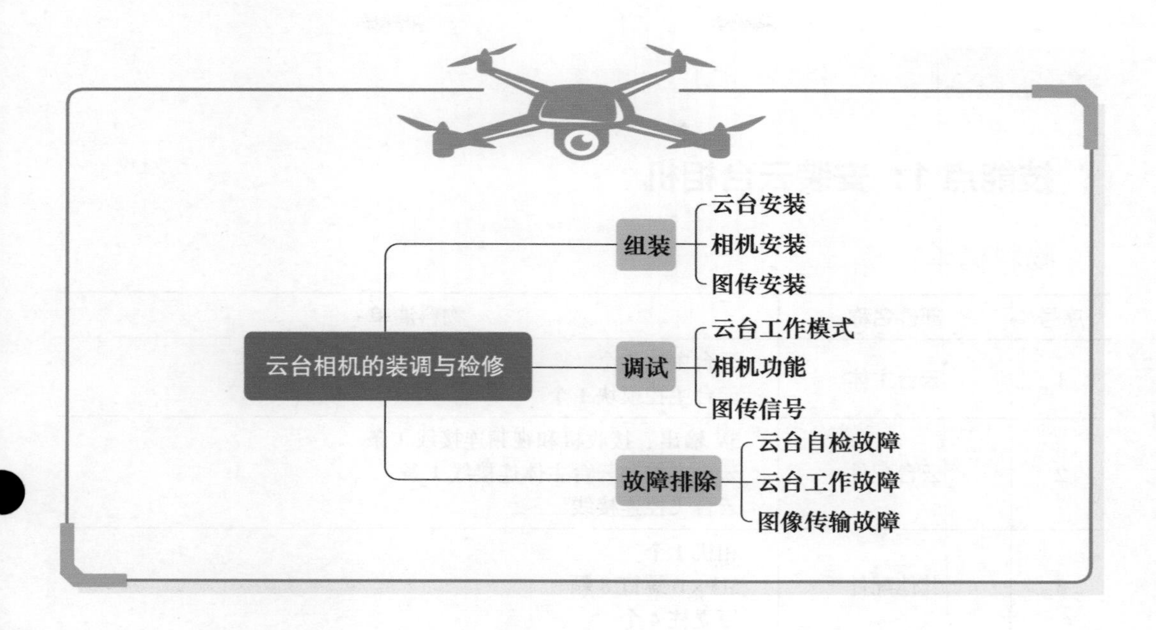

实训任务 1　云台相机的组装

任务概述

本实训任务包含“安装云台相机”“安装图传系统”2 个技能点，请大家在 <任务实施> 环节通过对这 2 个技能点的实践学习，逐步掌握云台相机的组装与调试技能。

小组分工

班级		组号		指导老师	
组长		学号			
组员角色分配					
信息员		学号			
操作员		学号			
记录员		学号			
安全员		学号			
任务分工					
（就组织讨论、工具准备、数据采集、数据记录、安全监督、成果展示等工作内容进行任务分工）					

任务实施

技能点 1：安装云台相机

物料清单：

序号	部件名称	物料清单
1	云台主体	云台主体 1 个 云台主控模块 1 个
2	云台配件	5V 输出、接收机和视频连接线 1 条 云台主控和云台主体连接线 1 条 云台飞控连接线
3	其他配件	相机 1 个 M3 × 6 螺钉 8 颗 短立柱 4 个

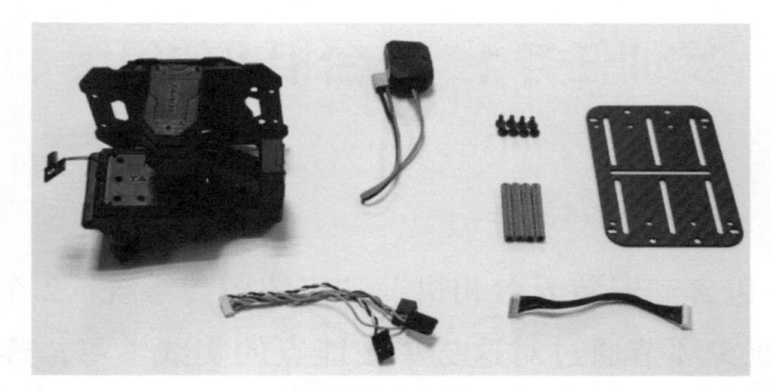

安装云台组件

实施步骤与操作要点：

步骤	图示 / 规范	操作要点
1. 连接云台主体与云台主控模块		将云台主体与云台主控模块用连接线连接。注意区分连接处插头

（续）

步骤	图示 / 规范	操作要点
2. 连接云台主控模块与 5V 输出、接收机和视频连接线		将云台主控模块与 5V 输出、接收机和视频连接线连接，云台主控模块有防反插接口，注意区分接口朝向

注意：5V 输出、接收机和视频连接线：
黑白色线为视频连接线，连接相机的视频无线传输模块
黄红棕色线为 CH1 端口，接入接收机的云台控制 1 通道
单色线为 CH2 端口，接入接收机的云台控制 2 通道

步骤	图示 / 规范	操作要点
3. 连接接收机		将 5V 输出、接收机和视频连接线中的接收机线插入接收机对应通道，并在遥控器上设置旋钮通道

注意：不同接收机与云台的连接方法不同：
（1）普通接收机。将普通接收机对应通道连接至云台控制器 CH1/S.BUS 和 CH2 通道，然后在调参软件中设置接收机类型及对应的通道映射
（2）FUTABA S.BUS 或 S.BUS–2 接收机。将 S.BUS 接收机连接至云台控制器 TAROT CH1/S.BUS 通道，确保 CH2 通道不要连接，然后在调参软件中设置接收机类型及对应的通道映射
（3）如果接收机已经有 5V 供电，将 CH1/S.BUS 通道的 5V 电源断开（红色线）

步骤	图示 / 规范	操作要点
4. 接入飞行器		利用 4 个立柱和 8 颗 M3×6 螺钉将云台固定在无人机任务搭载板下
5. 固定相机		将相机通过螺钉或绑带固定在云台上

（续）

步骤	图示 / 规范	操作要点
6. 连接相机图传		将相机与图传系统通过图传线连接
7. 连接电源		将主控模块连接的电源线与机体电源对接

技能点 2：安装图传系统

图传系统包括天空发射端与地面接收端，它将相机拍摄的影像以模拟图传或数字图传的形式传输到地面接收端。这里介绍 BY S-02A 携带的模拟图传系统的安装。

物料清单：

序号	部件名称	物料清单
1	相机部件	相机 1 个、相机图传线 1 条
2	图传天空端	天空发射器 1 个、天空发射端天线 天空端图传电源线 1 条
3	图传地面端	显示器 1 个、显示器电源线 1 条 地面端接收机 1 个、地面接收端电源线 1 条 Y 形电源线 1 条、地面接收端天线、视频传输线 1 条

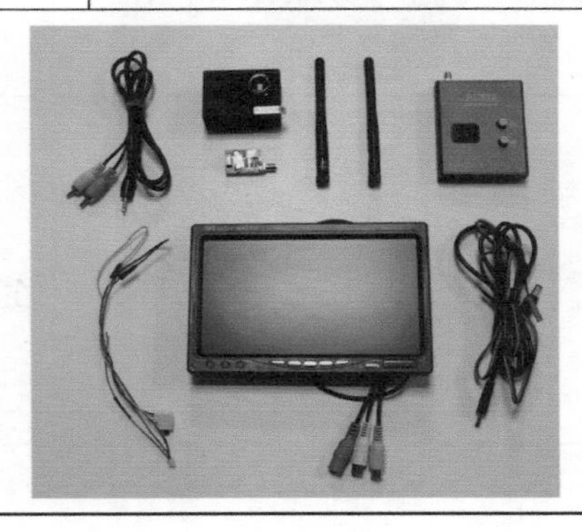

实施步骤与操作要点：

步骤	图示 / 规范	操作要点
天空端的安装		
1. 焊接电源线		与相机图传共线的红黑线为天空端电源线，组装前将电源线焊接在分电板处
2. 安装发射天线	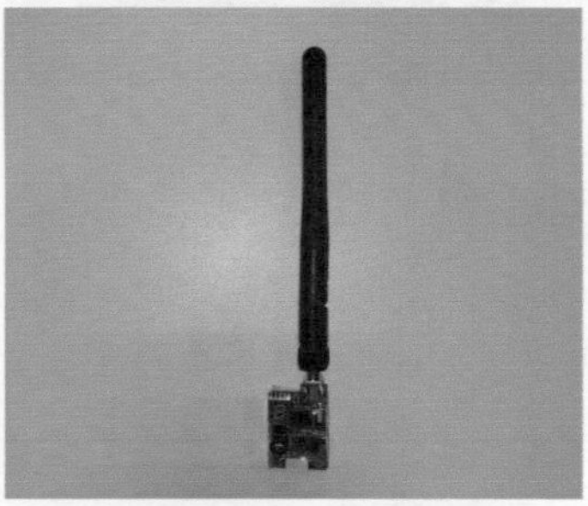	发射天线可将天空端拍摄的视频及照片通过 5.8G 频段传输至地面
3. 图传线连接	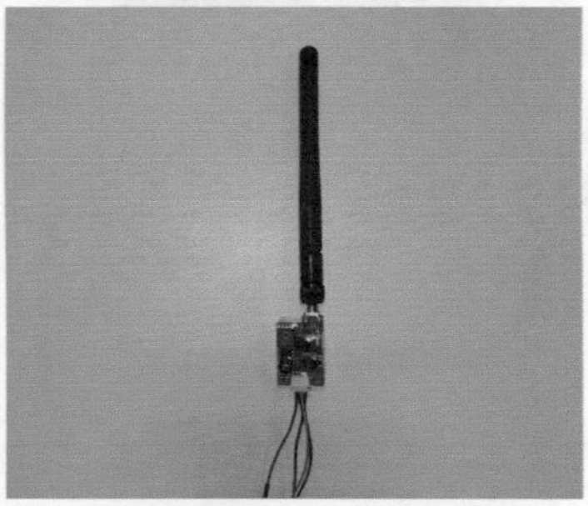	将图传线接入天空端发射器
地面端的安装		
1. 安装接收天线		地面接收天线负责接收天空端传输的信号

（续）

步骤	图示 / 规范	操作要点
地面端的安装		
2. 连接视频传输线	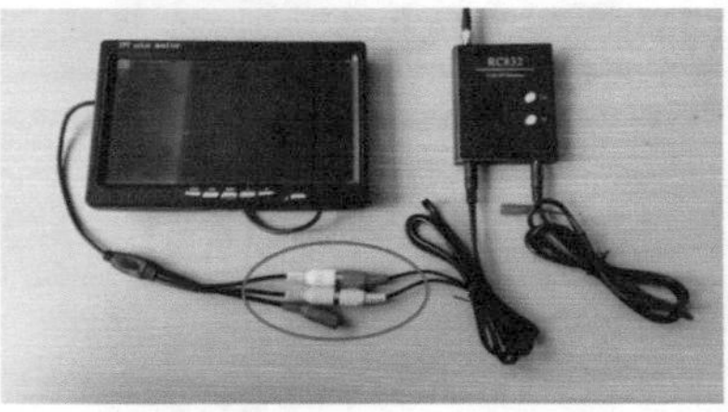	视频传输线一端的黑色插头接入接收机左侧的 AV OUT 接口。另一端连接显示器，红色线与显示器的白色线连接，黄色线与显示器的黄色线连接
3. 接入接收机电源线	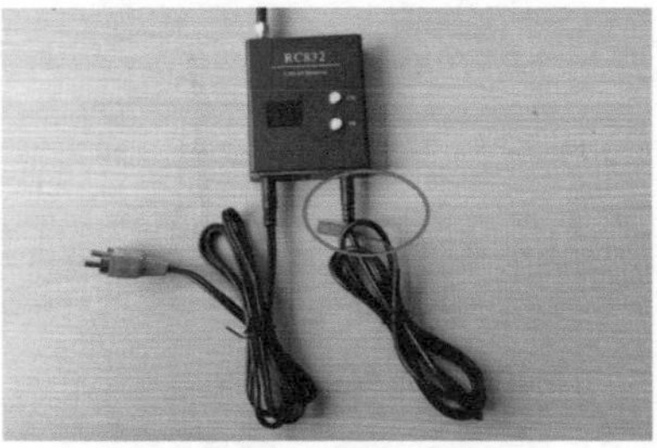	黑色圆口插头接入地面端右侧插孔，另一头 JST 插头连接 Y 形电源线
4. 接入显示器电源线	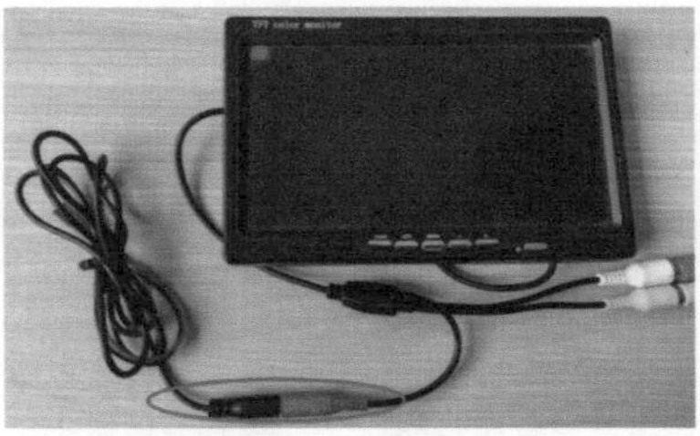	显示器电源线的黑色插头接入显示器端红色线，另一端连接 Y 形电源线
5. 连接电源端	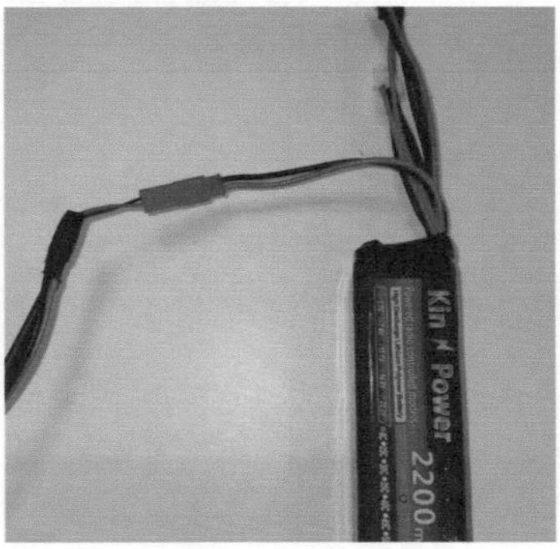	将 Y 形电源线的另一端接入电源。Y 形电源线的作用是分别给显示器与接收机供电

实训任务 2　云台相机的调试

任务概述

本实训任务包含“调试云台”“调试相机”“检查云台相机稳固性”“检查云台相机线路”“检查相机输出信号”“检查云台相机控制性”“测试云台相机控制的稳定性”7 个技能点，请大家在 <任务实施> 环节通过对这 7 个技能点的实践学习，逐步掌握云台相机的检查调试技能。

小组分工

班级		组号		指导老师	
组长		学号			
组员角色分配					
信息员		学号			
操作员		学号			
记录员		学号			
安全员		学号			
任务分工					
（就组织讨论、工具准备、数据采集、数据记录、安全监督、成果展示等工作内容进行任务分工）					

任务实施

技能点 1：调试云台

实施步骤与操作要点：

调试项目	操作流程
1. 设置云台工作模式	选择遥控器上的两位或三位开关作为工作模式切换开关，将云台主控模块引出的接收机线接入接收机对应的端口，并在调参软件中设置模式通道的映射关系。在不同档位，使用遥控器中的舵机行程调整功能进行调整，具体请参考调参软件中模式通道的滑块位置

（续）

调试项目	操作流程
1. 设置云台工作模式	以三位开关为例：位置 1 设置为第一人称视角（FPV）模式，位置 2 无操作，位置 3 设置为指向跟随模式。位置 1 和位置 3 的设置可以对调 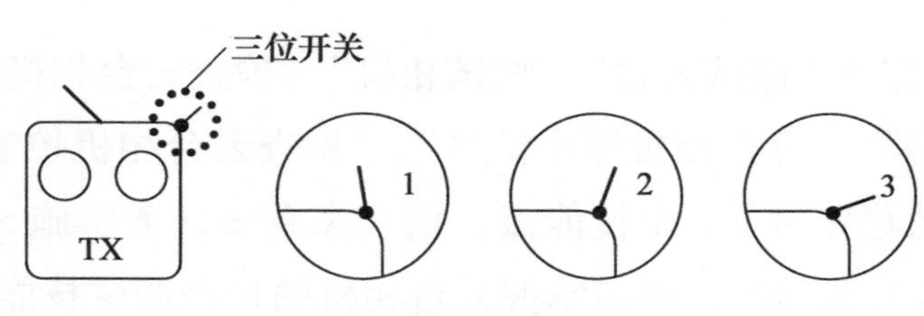 云台控制开关调试
2. 设置云台控制旋钮	选择遥控器上面的旋钮通道，设置成云台控制拨杆 遥控器控制云台转动的方式仅支持俯仰方向。有 2 种控制模式，可以设置为其中一种 速率模式：遥控器摇杆位置对应云台的转速 角度模式：遥控器摇杆位置对应云台的角度

注意： 云台通电后，如果没有连接接收机，云台将在默认模式下工作。以上为另外接入接收机的调试方式，即飞行控制与云台控制分离。如果使用同一接收机，将云台的控制线接入接收机未使用的通道，并设置旋钮、按钮即可。需要注意的是，此时的接收机类型为普通模式。云台工作模式见表 2-1。

表 2-1　云台工作模式

工作模式	指向跟随模式	FPV 模式
云台角度	云台滚转、俯仰两个角度保持不变，指向跟随机头指向变化	云台滚转、俯仰、指向三个角度跟随飞行器姿态变化而变化；且当遥控器各指向摇杆回中后，云台各指向也会自动回中
遥控器控制	受控	受控
姿态增稳	有	有
云台消抖	有	有

技能点 2：调试相机

实施步骤与操作要点：

步骤	图示 / 规范	操作要点
1. 设置相机语言	语言设置 Español Italiano Português 简体中文	缓慢按 3 下相机开机键，进入设置界面。选择 Language（语言）栏，进入菜单选择语言
2. SD 卡格式化	格式化 格式化 取消 确认	若是首次使用相机，先插入 SD 卡，并对其进行格式化
3. 设置相机电视输出	电视输出 关 开	SJ4000 相机在无人机通电后是不能直接输出视频的，需要在相机中进行一项基本设置。在设置中找到电视模式输出并选择打开
4. 通电测试	07:35:00 2021-09-19　20:40:48	将相机放置在云台上，连接图传天空端，分别给无人机与图传地面端通电，调试图传接收机频段，测试相机图传效果

技能点 3：检查云台相机稳固性

在组装完成后、无人机起飞前一定要检查云台相机的稳固性，未检查或检查不仔细，在飞行过程中云台相机有坠落的危险。

实施步骤与操作要点：

检查部位	操作流程
1. 任务搭载板与云台连接处	检查连接处螺钉是否紧固，若滑扣，及时更换螺钉。检查立柱是否弯曲，若弯曲，及时更换立柱
2. 云台与相机连接处	检查云台绑带或螺钉是否将相机固定：移动相机，相机未发生偏移，表明相机已固定在云台上。检查云台绑带或螺钉与云台是否有接触，如果有接触，重新粘贴绑带，否则通电运行后云台相机会发生抖动

技能点 4：检查云台相机线路

云台相机线路的连接及排线直接影响到云台相机能否正常运行，在起飞前要仔细检查云台相机线路连接。

实施步骤与操作要点：

步骤	操作要点
1	检查线路焊接处连接是否正常
2	检查线路接线顺序是否正确
3	检查线路排线是否固定，用扎带将线路捆扎，保证线路与云台转动轴、相机无缠绕

技能点 5：检查相机输出信号

实施步骤与操作要点：

步骤	操作要点
1	检查焊接处是否出现虚焊，线路接线顺序是否正确
2	无人机通电，云台相机开机，地面显示器通电，长按开机键 2~3s 开机
3	检查地面显示器是否有图像，若没有影像，检查云台相机是否设置 TV out（电视输出）；开启 TV 模式后，若相机黑屏，短按 2 下相机的 OK 键，再次检查显示器是否有图传，如有图传，说明相机信号输出正常

技能点 6：检查云台相机控制性

在进行云台相机控制性测试前，需要进行云台平衡的调节。在调节平衡过程中，需确保云台相机处于关闭状态。

实施步骤与操作要点：

步骤	操作要点
1. 俯仰轴的平衡调节	用手固定横滚臂使其水平，调整相机使其保持前后水平，向下垂直
2. 横滚轴的平衡调节	用手固定航向臂使其水平，调整相机使其保持前后水平，向下垂直
3. 航向轴的平衡调节	先保持云台与水平地面平行，然后调整相机使其向下垂直
4. 通电测试	三轴平衡调节完成后，给云台相机通电，操纵遥控器，分别推至大杆量和小杆量，观察云台运动状态，检查能否达到提前设置的转动角度或转速是否合理，同时观察相机能否保持平衡。若在未安装到无人机机身之前进行检测，应保持云台相机悬空后再通电
注意事项：通电之前必须装上相机。云台在通电或工作状态时切勿用手触碰云台	

技能点 7：测试云台相机控制的稳定性

操纵云台调整相机时，如果相机拍摄画面抖动，需要检查以下方面。

实施步骤与操作要点：

步骤	操作要点
1	检查云台相机是否安装牢固
2	检查相机图传线与天空端图传线连接有没有扎紧。如果未扎紧，云台相机运动时与其接触，会造成抖动
3	检查云台相机的三轴平衡调节与遥控器通道设置

实训任务 3　云台相机的故障排除

任务概述

本实训任务包含“排除云台自检故障”“排除云台工作故障”“排除图像传输故障”3 个技能点，请大家在 < 任务实施 > 环节通过对这 3 个技能点的实践学习，逐步掌握云台相机的故障排除能力。

小组分工

班级		组号		指导老师	
组长		学号			
组员角色分配					
信息员		学号			
操作员		学号			
记录员		学号			
安全员		学号			
任务分工					

（就组织讨论、工具准备、数据采集、数据记录、安全监督、成果展示等工作内容进行任务分工）

任务实施

技能点 1：排除云台自检故障

云台自检闪灯异常，可通过云台指示灯状态判断故障点，云台指示灯具体状态及解决方法见表 2-2。

表 2-2 云台指示灯状态参考表

指示灯状态	状态说明	解决方法
红蓝灯闪烁两次	上电自检状态	
红蓝灯常亮	上电自检失败	检查云台线路，重新校准云台
蓝灯熄灭	飞控未连接	检查飞控连接处
蓝灯常亮	飞控已连接	
蓝灯闪烁	飞控连接正常并且飞控数据可用	
红灯闪烁	线路故障	云台主控与云台主体连接线松动；检查连接线，并紧固
	云台堵转保护超过 10 次	检查云台转动是否有阻力，然后重新上电

技能点 2：排除云台工作故障

云台在工作中可能出现角度不水平、振动、画面稳定度欠佳等故障，出现故障的原因有许多，解决方法也不同，具体参考表 2-3。

表 2-3 云台工作故障排除表

故障点	可能原因	解决方法
角度不水平	传感器误差过大	校准传感器
	遥控器未回零	遥控器回零
云台振动	相机未紧固	拧紧相机的紧定螺钉
	电机扭矩过大	稍微调小电机扭矩值
画面稳定度欠佳	飞行器振动过大	减小飞行器振动
	减振球松动	检查并纠正减振球位置
	电机扭矩过小	稍微增大电机扭矩值

技能点 3：排除图像传输故障

实施步骤与操作要点：

故障描述	排除方法
1. 没有图传信号	给设备通电后，地面显示器没有接收到图像传输信号，可能是相机信号输出故障

（续）

故障描述	排除方法
1. 没有图传信号	（1）检查相机视频线与天空图传线是否出现虚焊，若虚焊，重新进行焊接 （2）检查地面端接收机与天空端发射机是否损坏，若损坏，更换新的地面端和天空端 （3）检查相机输出模式是否为 TV out
2. 雪花屏	显示器出现雪花，可能是地面接收频段与天空发射频段不同，拨动按钮找到图像最清晰的频段

任务评价

实训任务的评价指标及评分标准，详见“附录 B 航拍任务设备组装调试评分标准”。

拓展课堂

2019 年小张同学新买了一台 DJI Mavic 2 专业版，收到货后商家提醒他需要先进行实名登记认证，经过指导后成功在民用无人驾驶航空器综合管理平台（UOM）完成注册登记。他找到一处景点准备试飞自己的无人机，起飞时遇到了景点的巡查人员，巡查人员告诉小张同学“此处禁止飞行无人机。”小张同学拿出自己的执照说：“我已经考过执照了，为什么不能飞？”巡查人员说：“这里的景点正在举办活动，此空域为临时管制区域，如果想拍，过段时间再来吧。”小张同学灰心地提着无人机回家了，回到家后他请教自己的教练哪些地方不能飞行。经过教练的讲解，小张同学了解了无人机禁止飞行区域，开始了自己的飞行之旅。

实名登记制度

★在中华人民共和国境内最大起飞质量为 250g 以上（含 250g）的民用无人机须遵守《民用无人驾驶航空器实名制登记管理规定》（以下简称《规定》）。

民用无人机是指没有机载驾驶员操纵、自备飞行控制系统，并从事非军事、警察和海关飞行任务的航空器，不包括航空模型、无人驾驶自由气球和系留气球。《规定》要求，自2017年6月1日起，民用无人机制造商和民用无人机拥有者须在“中国民用航空局民用无人机实名登记系统”（https://uas.caac.gov.cn）上申请账户，民用无人机制造商在系统中填报其所有产品的信息，民用无人机拥有者在该系统中实名登记其个人及其拥有产品的信息，并将系统给定的登记标志粘贴在无人机上。

无人机禁止飞行的区域

★未经批准，微型无人机禁止在以下空域飞行：

（1）真高50m以上空域。

（2）空中禁区以及周边2000m范围。

（3）空中危险区以及周边1000m范围。

（4）机场、临时起降点围界内以及周边2000m范围的上方。

（5）国界线、边境线到我方一侧2000m范围的上方。

（6）军事禁区以及周边500m范围的上方，军事管理区、设区的市级（含）以上党政机关、监管场所以及周边100m范围的上方。

（7）射电天文台以及周边3000m范围的上方，卫星地面站（含测控、测距、接收、导航站）等需要电磁环境特殊保护的设施以及周边1000m范围的上方，气象雷达站以及周边500m范围的上方。

（8）生产、储存易燃易爆危险品的大型企业和储备可燃重要物资的大型仓库、基地以及周边100m范围的上方，发电厂、变电站、加油站和大型车站、码头、港口、大型活动现场以及周边50m范围的上方，高速铁路以及两侧100m范围的上方，普通铁路和省级以上公路以及两侧50m范围的上方。

（9）军航超低空飞行空域。

上述微型无人机禁止飞行空域由省级人民政府会同战区确定具体范围，由设区的市级人民政府设置警示标志或者公开相应范围。警示标志设计，由国务院民用航空主管部门负责。

“黑飞”案例

（1）2021年1月18日，成都双流国际机场“黑飞”者被行政拘留5日。

（2）2021年4月21日，浙江萧山一公司“黑飞”无人机，被罚2万元。

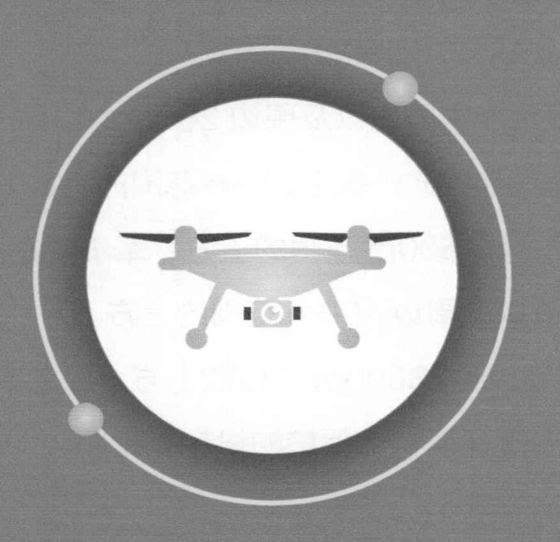

03

模块三

植保系统装调与检修

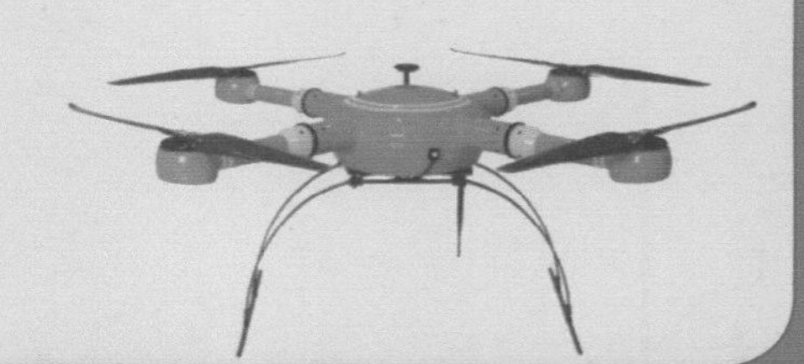

植保无人机可以低空低量航空施药、种子播撒、肥料喷洒，相对于传统的人工方式具有效率高、节水、省药、操作安全的优势，现广泛应用于农林行业，是保障农业增产增收的有效手段，这也促进了植保无人机的迅猛发展。

这里我们以 BY 02–C 植保训练无人机为例进行教学。

能力目标

- 能够了解植保无人机的结构组成
- 能够完成植保无人机的组装
- 能够对组装完成的植保无人机进行调试

素养目标

- 在组装过程中培养团结协作的能力
- 在工作过程中培养精益求精的工匠精神
- 培养在实践中分析问题、解决问题的能力

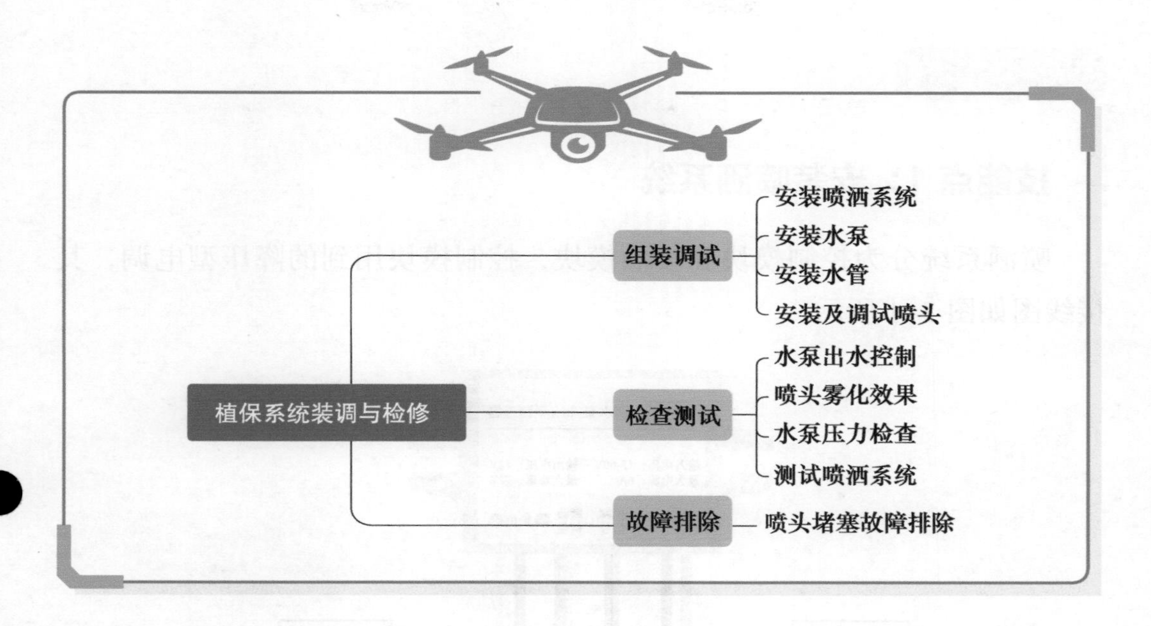

实训任务 1　植保系统的组装调试

任务概述

本实训任务包含“安装喷洒系统”“安装水泵”“安装水管”“安装喷头”“调试喷头”5 个技能点，请大家在 < 任务实施 > 环节通过对这 5 个技能点的实践学习，逐步掌握植保系统的组装流程。

小组分工

班级		组号		指导老师	
组长		学号			
组员角色分配					
信息员		学号			
操作员		学号			
记录员		学号			
安全员		学号			
任务分工					
（就组织讨论、工具准备、数据采集、数据记录、安全监督、成果展示等工作内容进行任务分工）					

任务实施

技能点 1：安装喷洒系统

喷洒系统分为控制模块和喷洒模块，控制模块用到的降压型电调，其接线图如图 3-1 所示。

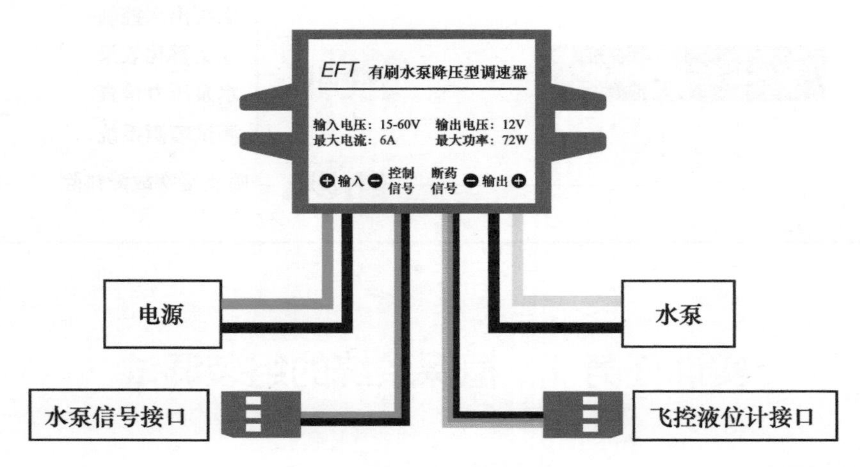

图 3-1　控制模块接线图

物料清单：

序号	物料清单
1	水泵 1 个
2	降压型电调 1 个
3	压力喷头 2 个
4	水箱 1 个
5	任务挂载板 1 个
6	水管和转接头若干

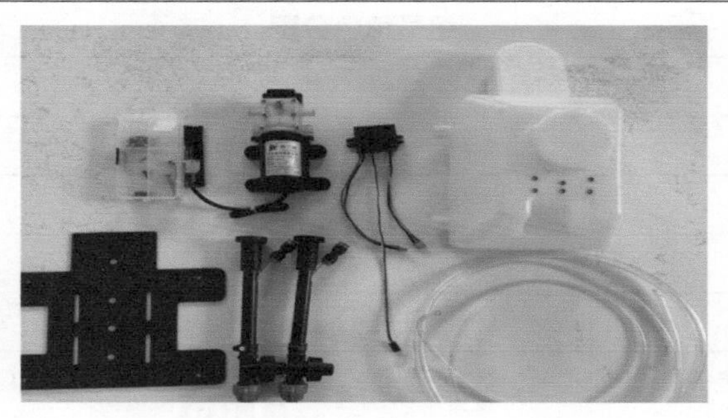

实施步骤与操作要点：

步骤	图示 / 规范	操作要点
1. 焊接		（1）将降压型电调输出端口焊接到一个 XT60 插座转接板上，降压型电调输入端焊接到一个 XT60 插头上
	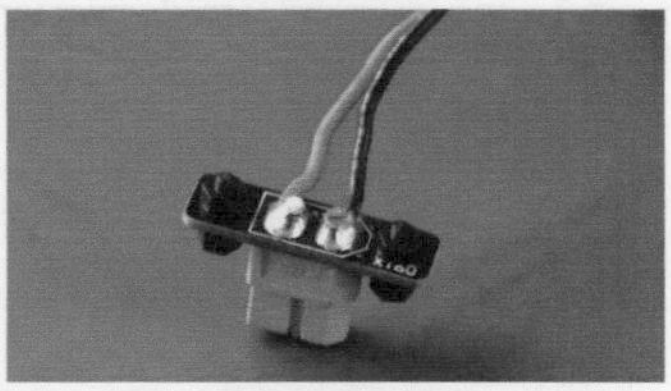	（2）焊接 XT60 插座及电源连接板
2. 固定		（1）将电调输出端的转接板通过尼龙柱固定在机身面板的侧孔处
		（2）固定好电调控制输出口，需要露出一段在面板外部
3. 剪切	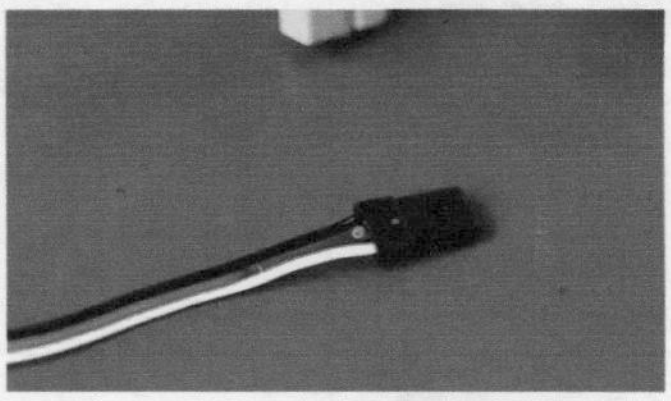	将降压型电调信号线中间的红线剪掉
4. 接入接收机	 7号通道	将水泵降压型调速器的杜邦线接入接收机 7 号通道，遥控器的 12 号三档拨杆设为水泵开启和关闭

注意： 降压模块指示灯状态见表 3-1。

表 3-1　降压模块指示灯状态

指示灯状态	状态说明
红灯慢闪（2 次 /s）	无输入信号，需要连接信号线
红灯快闪（10 次 /s）	输入信号错误，信号行程不一致
红灯常亮	输入信号正常，水泵关闭状态
黄灯常亮	缺水提醒，断药信号输出低电平
绿灯渐亮	水箱有水，断药信号输出高电平

技能点 2：安装水泵

实施步骤与操作要点：

步骤	图示 / 规范	操作要点
1. 安装水泵	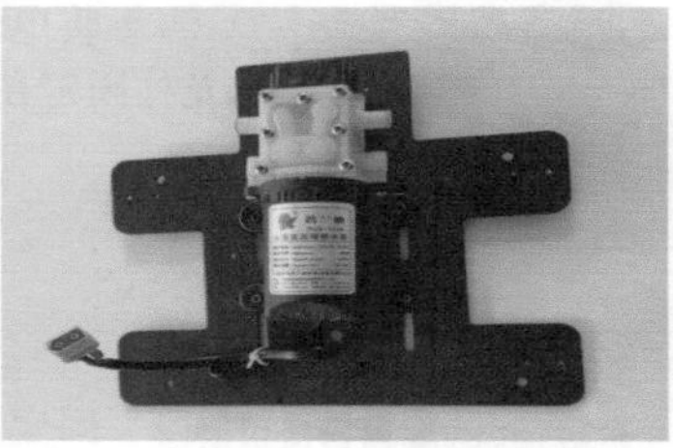	拿出水泵和任务搭载板，用螺钉把水泵固定在任务搭载板上
2. 安装水箱	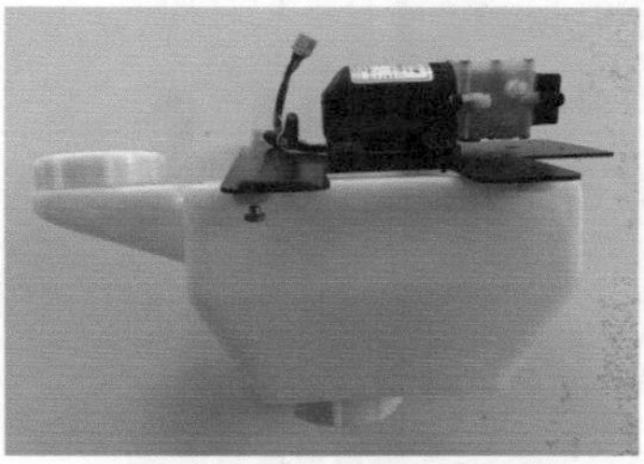	把水箱放在任务搭载板下方，找到水箱上方左右对称的孔使其与任务搭载板上的孔重合，并使用螺钉将加长立柱进行固定，其余 3 个位置安装方式都一样
3. 连接无人机		将组装好的水泵与水箱通过 4 根立柱固定在无人机上

（续）

步骤	图示 / 规范	操作要点
4. 接入电源	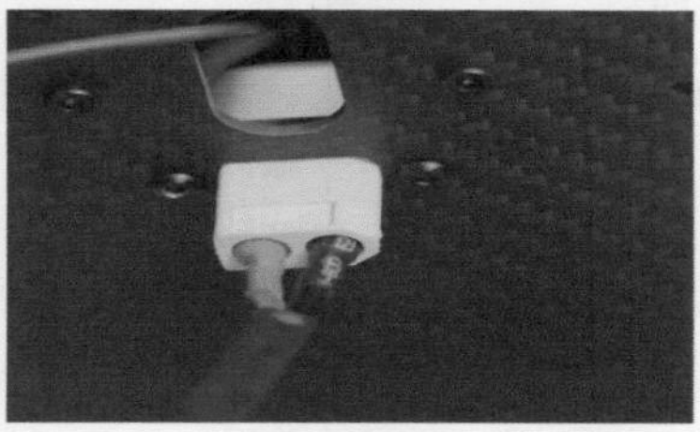	将水泵的电源输入端焊接一个XT60插头后，接到面板底部的水泵控制器输出接口

技能点 3：安装水管

实施步骤与操作要点：

步骤	图示 / 规范	操作要点
1. 安装出水管		在脚架顶部设置一个三通的转接头将水管分为两个方向出水
2. 固定水管		将水管顺着机臂底部延伸到电机座底下，水管与机臂可以使用扎带或更美观的水管管夹进行固定

技能点 4：安装喷头

实施步骤与操作要点：

步骤	图示 / 规范	操作要点
1. 喷头与底座连接	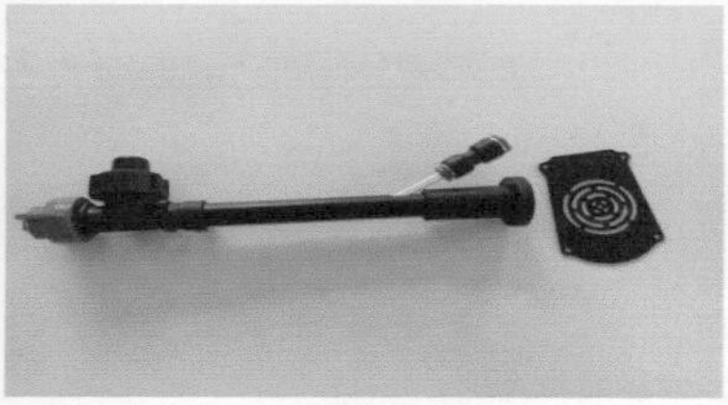	安装喷头底座和电机下底座，使用螺钉紧固

（续）

步骤	图示 / 规范	操作要点
2. 固定至电机座		将底板安装到电机座底部，使用螺钉紧固 建议在电机转向未测试之前不要将底板螺钉紧固，以免调试的时候需要重复拆装

技能点 5：调试喷头

水箱注水后测试喷雾情况，可以根据使用量进行喷雾大小调节，如需喷雾量大或者喷雾量小，可以调节喷头旋钮进行控制，如图3-2所示。如果不出水，可以检测喷头位置是否堵塞，若堵塞，把喷头部件拆除及时清理。

图 3-2　喷头调试旋钮

实训任务 2 植保系统的检查测试

任务概述

本实训任务包含“检查水泵出水控制”“检查喷头雾化效果”“检查水泵压力”“测试喷洒系统”4 个技能点，请大家在 < 任务实施 > 环节通过对这 4 个技能点的实践学习，逐步掌握植保系统的检查测试。

小组分工

班级		组号		指导老师	
组长		学号			
组员角色分配					
信息员		学号			
操作员		学号			
记录员		学号			
安全员		学号			
任务分工					
（就组织讨论、工具准备、数据采集、数据记录、安全监督、成果展示等工作内容进行任务分工）					

任务实施

技能点 1：检查水泵出水控制

首先检查水泵喷水，注入 1L 水，打开水泵，观察出水量的大小，通过降压型调速器（图 3-3）进行调节。其次检查水泵药液口是否配有过滤网，水泵转速是否稳定，安装位置是否有漏水情况。

图 3-3 水泵降压型调速器

技能点 2：检查喷头雾化效果

打开水泵观察出水量，扭动喷头旋钮调整出水量的大小，喷洒的量要根据需求进行控制，观察出水量是否达到想要的效果，如图 3-4 所示。每次使用完毕以后要及时进行清洗，要保证喷头干净、无污染。

图 3-4 观察出水量

技能点 3：检查水泵压力

观察水泵出水的情况，如果不出水，通常是由泵头内有空气未排出造成的。可将水泵扭动至黑色箭头标示位置将空气排出，如图 3-5 所示。如果效果不明显，可以将水泵出水口的水管拔掉，打开水泵将空气排出，等正常出水之后再将水管插上即可。

检查水泵进水口是否与药箱连接，出水口是否与三通连接，如果反接则调换。拨动遥控器，若水泵不能工作也无响动，检查水泵供电是否正常，插头有无松动，检查遥控器通道设置是否与拨杆一致。检查接收机接线是否正确，有无虚焊。

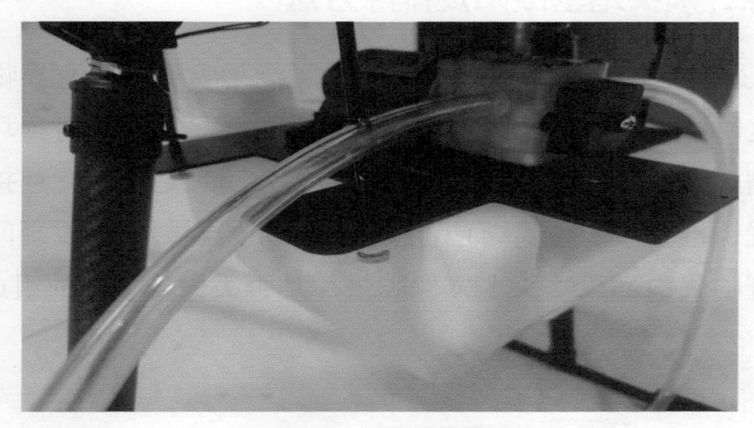

图 3-5　水泵出水检查

技能点 4：测试喷洒系统

在飞行器的药箱中装一定量的水，检测喷洒系统是否正常工作，如果出现出水不均匀和喷头无法工作的现象，检查水泵、喷头（图 3-6）是否堵塞，线路是否氧化，阀板固定情况。

图 3-6　喷头检查

实训任务 3　植保系统的故障排除

技能点：喷头堵塞故障及排除方法

在喷洒过程中遇到喷洒效果变差时，可能是喷嘴里面有异物阻塞影响出药量。这时可以取出喷嘴清除异物，也有可能是喷嘴自身损坏，可以更换新的喷嘴。如果喷嘴出现漏水情况，检查各喷嘴之间药管连接是否安装到相应位置，检查喷头止滴阀是否松动，有无泄漏，如果发现问题，紧固即可。检查喷头内部或喷头上方橡胶垫片是否丢失。喷头的组成如图 3–7 所示。

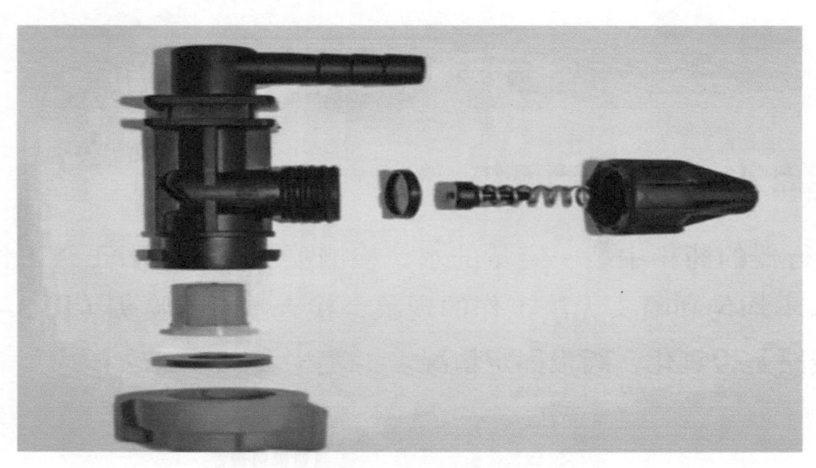

图 3–7　喷头的组成

任务评价

实训任务的评价指标及评分标准，详见“附录 C 植保任务设备组装调试评分标准”。

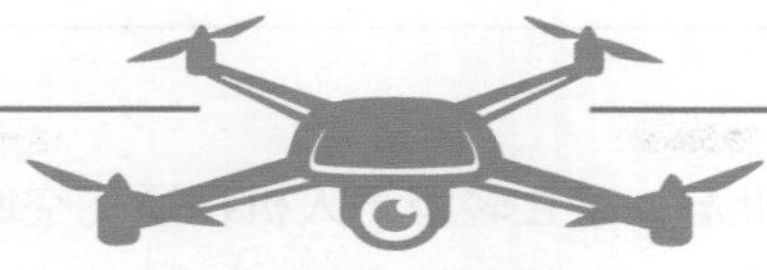

拓展课堂

无人机空域申请

★每年10月31日前，省级人民政府汇总各方需求并商所在战区后，向有关飞行管制部门提出轻型无人机空域划设申请；11月30日前，负责审批的飞行管制部门应予批复，并通报相关民用航空情报服务机构；12月15日前，省级人民政府发布行政管辖范围内空域划设信息，国务院民用航空主管部门收集并统一发布全国空域划设信息；翌年1月1日起，发布的空域生效，有效期1年。

★从事无人机飞行活动的单位或者个人实施飞行前，应当向当地飞行管制部门提出飞行计划申请，经批准后方可实施。飞行计划申请应当于飞行前1日15时前，向所在机场或者起降场地所在的飞行管制部门提出；飞行管制部门应当于飞行前1日21时前批复。

★微型无人机在禁止飞行空域外飞行，无需申请飞行计划。轻型、植保无人机在相应适飞空域飞行，无需申请飞行计划，但需向综合监管平台实时报送动态信息。

无人机飞行运行

★无人机飞行计划按照下列规定权限批准：

（1）在机场区域内的，由负责该机场飞行管制的部门批准。

（2）超出机场区域在飞行管制分区内的，由负责该分区飞行管制的部门批准。

（3）超出飞行管制分区在飞行管制区内的，由负责该区域飞行管制的部门批准。

（4）超出飞行管制区的，由空军批准。

★无人机飞行应当避让有人驾驶航空器飞行。轻型、植保无人机通常在相应适飞空域飞行，并主动避让有人驾驶航空器、国家无人机和小型、中型、大型无人机飞行；微型无人机飞行，应当保持直接目视接触，主动避让其他航空器飞行。

★除执行特殊任务的国家无人机外，夜间飞行的无人机应当开启警示灯并确保处于良好状态。

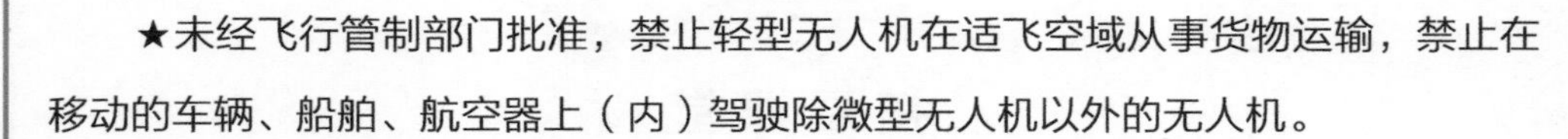

★未经飞行管制部门批准，禁止轻型无人机在适飞空域从事货物运输，禁止在移动的车辆、船舶、航空器上（内）驾驶除微型无人机以外的无人机。

案例

（1）2013年12月29日，据民航方面与北京警方透露，相关部门雷达发现首都机场东部有一不明飞行物移动，飞行高度约700m，速度超过100km/h，北京军区空军立即组织各级指挥机构和部队共1226人参与处置。两架歼击机待命升空，两架直升机升空，雷达开机26部，动用车辆123台。经调查，北京一家航空科技公司的员工在没有航拍资质，未申请空域的情况下便操纵燃油助力航模无人机进行航空测绘，造成多架次民航飞机避让、延误，军队出动直升机拦截迫降的后果。该公司的3名员工因涉嫌过失以危险方法危害公共安全罪被起诉至平谷法院。

（2）2018 年 2 月 7 日，中部战区联合河北警方共同处置了一起无人机违法飞行对军、民航造成巨大损失的事件。当日下午 3 时，北京某航空有限公司受委托在河北唐山某矿区进行航测，操纵无人机的 4 人不具备操纵无人机资质，更没有申请空域，最终在空军与地方部门配合下将 4 人行政拘留。

04

模块四

倾斜摄影相机装调与检修

实训任务 1　倾斜摄影相机组装

实训任务 2　检测倾斜摄影相机

实训任务 3　倾斜摄影相机的故障排除

拓展课堂

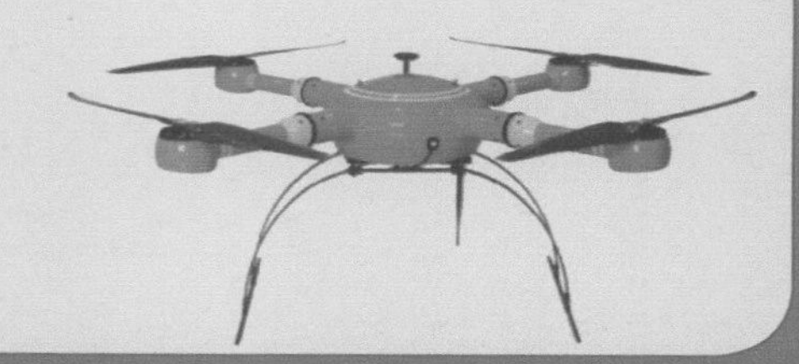

倾斜摄影测量技术是近年发展起来的一项高新测绘技术，它以大范围、高精度、高清晰的方式全面感知、处理数据成果，更加真实直观地反映地物的外观、位置、高度等属性，已越来越广泛地应用于测绘、城市规划、旅游等行业。

能力目标

- 能够选择合理的工艺对倾斜摄影相机进行调试
- 能够对常见的倾斜摄影相机的故障进行排除

素养目标

- 培养团队协作的能力
- 培养创新精神与创新思维
- 培养探究学习的能力

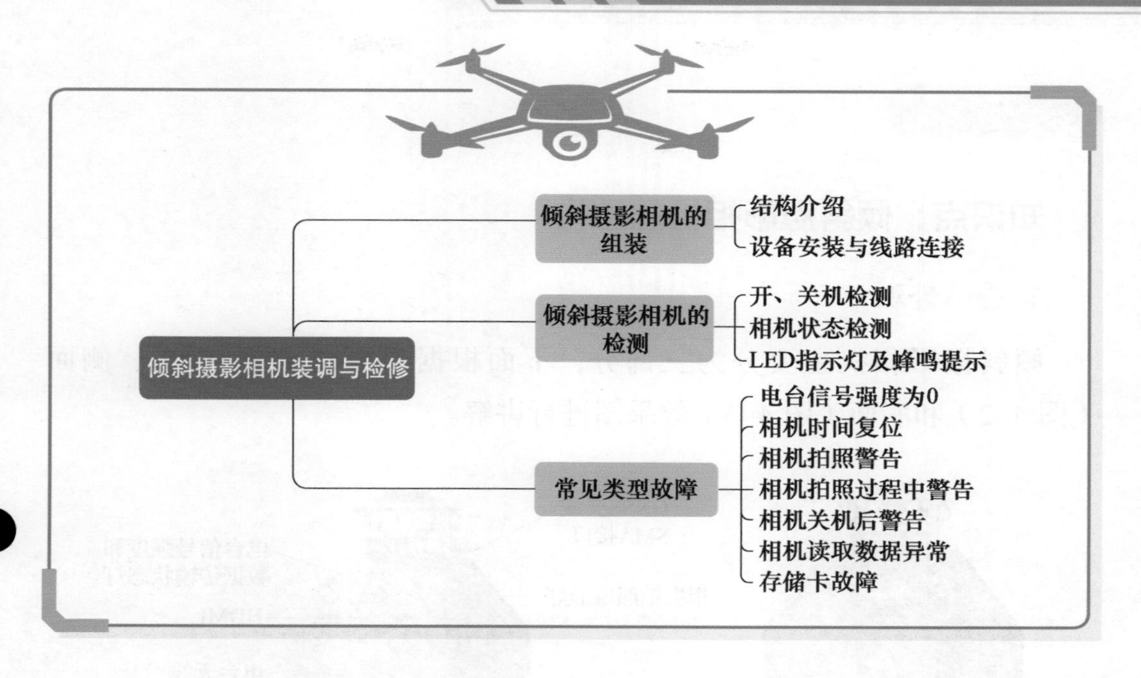

实训任务 1 倾斜摄影相机组装

任务概述

本实训任务包含“倾斜摄影相机的结构”1 个知识点，“安装倾斜摄影相机快拆连接件”“安装倾斜摄影相机”“连接倾斜摄影相机信号线”“连接图传”“设备供电”5 个技能点，请大家在 < 任务实施 > 环节通过对这 5 个技能点的实践学习，逐步掌握倾斜摄影相机的结构及组装流程。

小组分工

<table>
<tr><td>班级</td><td></td><td>组号</td><td></td><td>指导老师</td><td></td></tr>
<tr><td>组长</td><td></td><td>学号</td><td></td><td></td><td></td></tr>
<tr><td colspan="6">组员角色分配</td></tr>
<tr><td>信息员</td><td></td><td>学号</td><td colspan="3"></td></tr>
<tr><td>操作员</td><td></td><td>学号</td><td colspan="3"></td></tr>
<tr><td>记录员</td><td></td><td>学号</td><td colspan="3"></td></tr>
<tr><td>安全员</td><td></td><td>学号</td><td colspan="3"></td></tr>
<tr><td colspan="6">任务分工</td></tr>
<tr><td colspan="6">（就组织讨论、工具准备、数据采集、数据记录、安全监督、成果展示等工作内容进行任务分工）</td></tr>
</table>

任务实施

知识点：倾斜摄影相机的结构

1. 整体外观

倾斜摄影相机主要分为三部分，下面根据前面板（图 4–1）、侧面（图 4–2）和底面（图 4–3）效果图进行讲解。

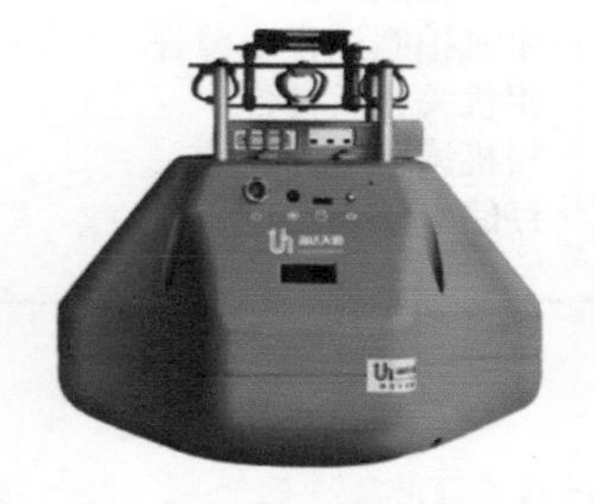

图 4–1　倾斜摄影相机的前面板

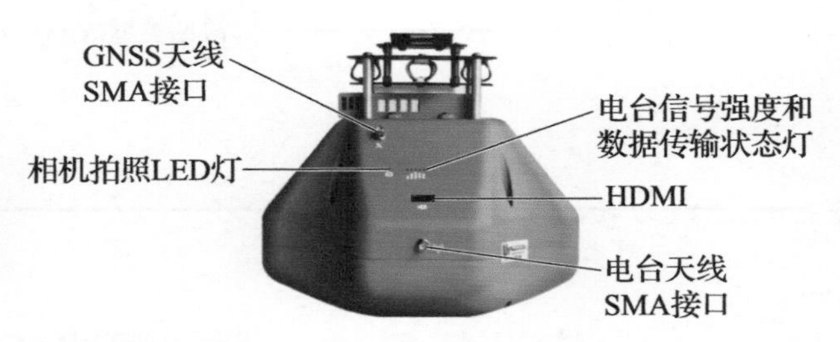

图 4–2　倾斜摄影相机的侧面

图 4–3　倾斜摄影相机的底面

（1）全球导航卫星系统（GNSS）天线 SMA 接口：用于相机的 GNSS 天线的接入，实现卫星定位功能。

（2）相机拍照 LED 灯：用于观测相机拍照状态。

（3）电台信号强度和数据传输状态灯：用于观测电台信号强度以及与基站之间传输数据状态。

（4）高清多媒体接口（HDMI）：用于摄影相机镜头的图像传输。

（5）电台天线 SMA 接口：电台接收和发送信号的天线接口。

相机的底面主要采用镜头内凹设计，防止在外作业过程中镜头沾灰、污损、沾指纹，导致拍照效果不好。

2. 前面板

前面板由航插接口、电源接口、USB 接口、相机开关、LED 灯和显示屏组成，如图 4–4 所示。

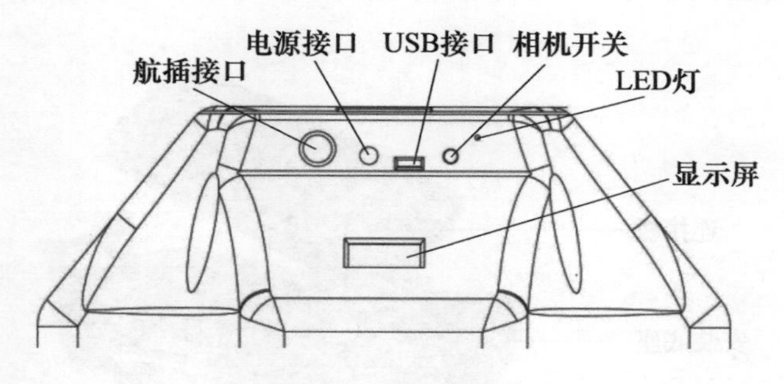

图 4–4　前面板

（1）航插接口：用于主机与无人机拍照数据的连接，触发信号连接。

（2）电源接口：用于连接主机供电电源。

（3）USB接口：用于主机与外部设备的连接，进行升级固件和读取数据。

（4）相机开关：控制相机开关机。

（5）LED 灯：倾斜摄影相机工作状态指示灯。

（6）显示屏：显示设备的状态信息。

3. 相机尺寸

相机尺寸如图 4–5 所示。

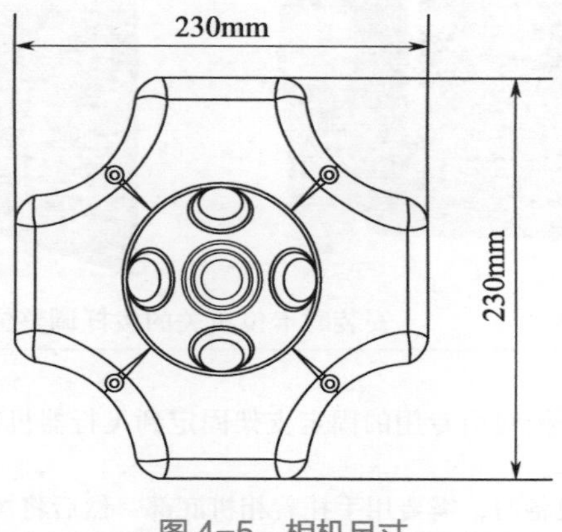

图 4–5　相机尺寸

技能点 1：安装倾斜摄影相机快拆连接件

倾斜摄影相机安装通过快拆连接件连接，连接板与倾斜摄影相机固定在一起，安装底座需安装在飞行设备底部，如图 4–6 所示。

图 4–6　快拆连接件

实施步骤与操作要点：

步骤	操作要点
1	倾斜摄影相机显示屏方向为尾方向，安装相机设备的时候，前后方向要和飞行器前后方向一致
2	将安装底座的卡位机关的拨杆调整到下图所示位置，连接板一侧放入安装底座卡槽内，然后将连接板向底座方向轻推，触发卡位机关，待发出一声清脆的撞击声，拨杆位移到反方向，此时连接板与安装底座就安装到位了
	  安装时卡位机关的拨杆调整位置

安装注意事项：

（1）动态后处理（PPK）天线由专用的固定支架固定到飞行器机臂或其他合适位置，天线姿态竖直向上

（2）从飞行器取下相机设备时，需要用手托着相机底部，然后将拨杆复位，便可实现分离

技能点 2：安装倾斜摄影相机

实施步骤与操作要点：

步骤	图示 / 规范	操作要点
1. 安装连接件		将倾斜摄影相机通过螺柱和螺钉安装至连接板上
2. 连接飞行器		将安装底座用螺钉与飞行器挂载板安装。注意要让安装底座的水平仪保持水平，即将相机保持水平安装在飞行器平台上

技能点 3：连接倾斜摄影相机信号线

信号线（图 4–7）航空插头一端插入倾斜摄影相机的航插接口，注意带红点的面向上；三孔信号插头（杜邦插头）插到飞控或者接收机快门端口，插头带倒角一边为信号线，信号线连接后建议用胶带固定。

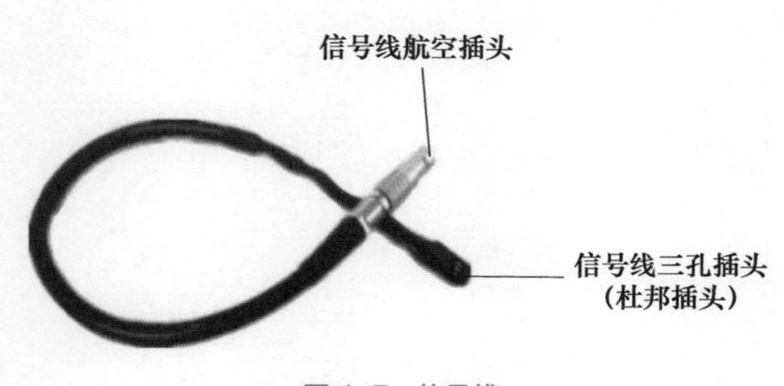

图 4–7　信号线

技能点 4：连接图传

倾斜摄影相机支持实时图传功能，影像显示为下镜头视角，相机带有 HDMI 高清图传线插座，可通过此插座连接飞行器图传插头。

技能点 5：设备供电

倾斜摄影相机供电采用相机外置电源与控制电源统一上电设计，设备兼容 3S~6S（3~6 个电池单体串联）直流电源供电，相机作业时，供电电压需达到 22V 以上，供电功率至少需达到 30W 才可以保证设备的正常工作。

相机读取数据时，建议使用配套的电源适配器供电，也可以使用飞行器电源或其他兼容电压范围内的电源供电，要求电流至少达到 2A。随设备配带的外置电源是 XT30 转 DC（直流）接口，插线时建议先插 DC 口，然后连接电源，以防接口处打火。上电后设备红灯闪烁伴随初始化后“嘀”鸣一声，此时电路启动，之后便可对设备进行开关机等操作。

设备断电时，先对相机进行关机操作，待显示屏显示“关机”，之后便可以断开电源。

实训任务 2 检测倾斜摄影相机

任务概述

本实训任务包含“相机开机”“检查相机状态”“读取相机数据”“相机关机”4 个技能点和“LED 指示灯及蜂鸣提示”1 个知识点，请大家在 <任务实施> 环节通过对这 4 个技能点的实践学习，逐步掌握倾斜摄影相机的检测流程。

小组分工

班级		组号		指导老师	
组长		学号			
组员角色分配					
信息员		学号			
操作员		学号			
记录员		学号			
安全员		学号			
任务分工					

（就组织讨论、工具准备、数据采集、数据记录、安全监督、成果展示等工作内容进行任务分工）

任务实施

技能点 1：相机开机

实施步骤与操作要点：

步骤	操作要点
1. 倾斜摄影相机通电	首先接通外置电源，前面板 LED 指示灯红色闪烁，伴随内置蜂鸣器“嘀”声，轻按相机小开关，蜂鸣器鸣叫两声，表示电路已经启动。显示屏界面正常显示后开始工作

（续）

步骤	操作要点
2. 等待“系统初始化”	等待显示屏显示“系统初始化”后大约 4s 的时间，红灯灭，绿灯亮
3. 进入切换显示页面	界面一： 相机开关机状态（此时应显示关机状态） PWM 值（无信号时为 0，触发脉宽区间为 1600~2100ms） 拍照触发次数 P（拍照张数计数累加，初始值为 0，重启设备后计数清零） PIC1：后视相机总拍照数 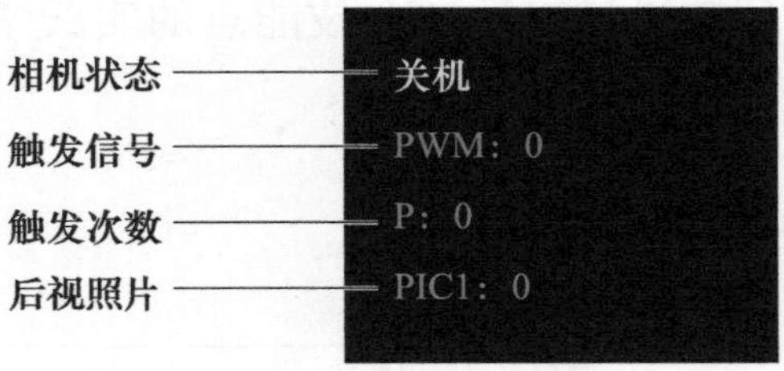 相机状态 —— 关机 触发信号 —— PWM：0 触发次数 —— P：0 后视照片 —— PIC1：0
	界面二： PIC2：左视相机总拍照数 PIC3：下视相机总拍照数 PIC4：前视相机总拍照数 PIC5：右视相机总拍照数 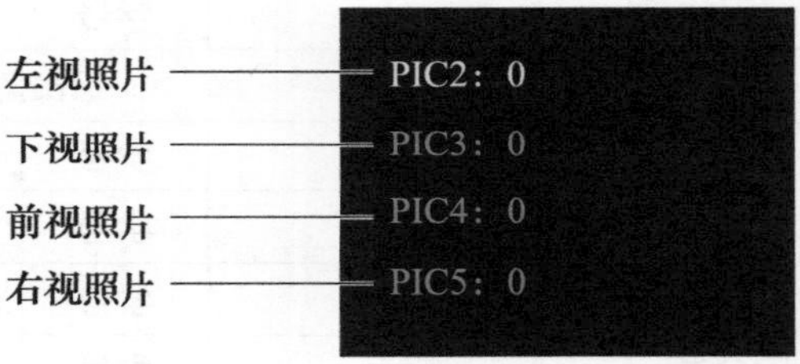 左视照片 —— PIC2：0 下视照片 —— PIC3：0 前视照片 —— PIC4：0 右视照片 —— PIC5：0
4. 倾斜摄影相机开机	进入切换显示页面后，轻按相机小开关，蜂鸣器“嘀”一声，显示屏显示“开机中…”，等待 7s 左右后，伴随着小开关亮灯，5 路相机开机，显示屏显示“开机”，绿灯闪烁

技能点 2：检查相机状态

实施步骤与操作要点：

步骤	操作要点
1	目视检查相机镜头是否损坏、松动，镜头镜片是否磨损
2	倾斜摄影相机与无人机设备连接后，确保线路连接无误，检查是否有 PWM 信号，并在地面控制相机拍照测试，第一次拍照需在相机开机后等待 10s 左右时间，第一次相机拍照会自动设置文件夹
3	首飞建议设置小段航线测试相机拍摄照片质量。检查镜头焦距状态，镜头出厂默认设置为相对航高 120m，对焦清晰，地面分辨率优于 3cm

技能点 3：读取相机数据

相机采用 5 个相机镜头存储卡和 PPK 数据统一读取，数据读取步骤如下。

实施步骤与操作要点：

步骤	操作要点
1	连接配套的电源适配器，相机初始化启动
2	相机启动完成后，按下开关键，待相机开机成功后，倾斜摄影相机读盘成功，连接 USB 数据传输线到计算机，此时蜂鸣器“嘀”鸣一声，显示屏显示“开机 USB…”
3	鼠标双击打开“我的电脑 / 计算机”→“资源管理器”→“有可移动存储的设备”，显示 11 个可移动存储盘符，计算机初次连接需安装盘符驱动，请稍作等待，不同计算机时间不同
4	打开倾斜摄影相机配套软件，配置好当前架次的项目文件，选择“向导”→“数据归集”→进入数据下载界面 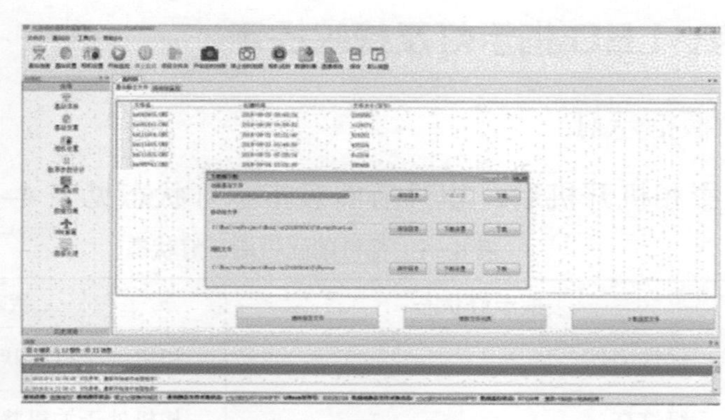 数据一键式下载归集
5	数据复制完成后，拔出 USB 数据线前需手动弹出可移动存储设备盘符
6	盘符弹出后，断开数据线连接，等待 7s 后关闭相机
7	数据读取完成后，重启倾斜摄影相机，方可进行下一架次的飞行作业任务

操作注意事项：

（1）倾斜摄影相机读取存储数据时内置 5 路相机需要保持开机状态

（2）在 DCIM 文件夹内可对照片进行读取、复制、删除等操作

（3）DCIM 之外的文件夹不要删除和改动，不要在计算机中格式化相机存储卡

（4）拍摄最后一张照片后，等待 30s 再关闭相机，以确保照片正常存储

（5）断开数据线连接前需手动弹出各个存储盘符，直接断开连接容易损坏内置存储卡

技能点 4：相机关机

实施步骤与操作要点：

步骤	操作要点
1	长按相机开关按键，显示屏显示“关机中…”，等待 2s 左右（根据情况不同，时间也不一样，一般为 2s），相机开关按键灯灭，蜂鸣器长“嘀”一声，此时显示屏显示“关机”，表示 5 路相机已经关机，绿灯长亮
2	关闭设备总电源

操作注意事项：

（1）相机关闭的时间内不允许对相机开关进行操作，此时操作无效

（2）外场作业时，先接通相机电源，做好地面准备工作后，起飞前再对相机进行开机操作，并拍照测试

（3）相机关机时，听到相机关闭提示音并且按键指示灯熄灭后，确保相机已经关机再关闭设备电源。不允许升级过程中强行断电，如果强行断电可能损坏仪器，导致仪器异常

（4）相机开机后 30min 休眠自启一次，伴随“嘀嘀”两三声为正常现象

知识点：LED 指示灯及蜂鸣提示

1. 前面板指示灯

倾斜摄影相机开机后，相机前面板指示灯状态见表 4-1。

表 4-1　相机前面板指示灯状态

序号	指示灯状态	状态说明
1	红灯闪烁	相机处于自检状态
2	绿灯亮	相机处于关机状态
3	绿灯闪烁	相机处于正常工作状态
4	蓝灯闪烁	相机数据读取模式
5	相机开关键亮灯	相机开机状态
6	相机开关键灭灯	相机关机状态
7	相机开关键亮灯，同时显示屏显示“关机中…”	关机错误
8	相机开关键亮灯，同时显示屏显示“开机中…”	开机错误

2. 侧面板指示灯

倾斜摄影相机开机后，相机侧面板指示灯状态如图 4–8 所示。

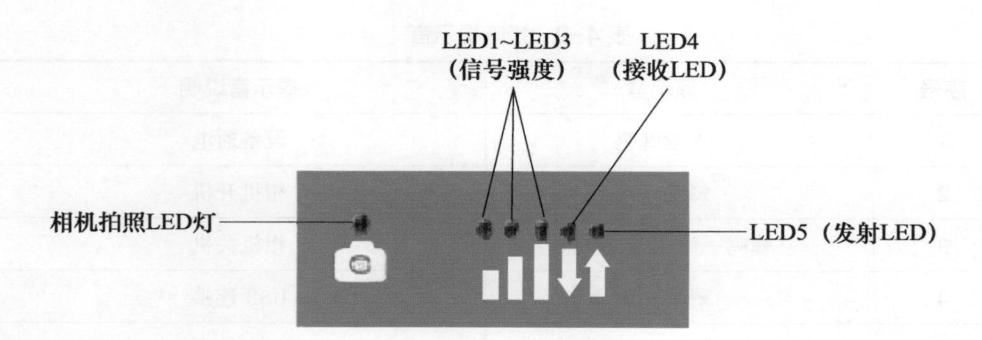

固件升级电台信号指示灯可用于观测电台信号强度以及与基站之间数据收发信号状态，指示灯定义如下：

表示黄色LED灯在指示过程中常亮

表示黄色LED灯在指示过程中规律闪烁

表示蓝色LED灯在指示过程中常亮，相机接收到基站的差分数据

表示红色LED灯在指示过程中规律闪烁，相机给基站回传相机数据

表示左侧的绿色拍照LED灯，设置为内部定时触发、外部PWM模式下，每触发一次拍照，闪烁一次。外部直通模式下，此灯熄灭

LED1	LED2	LED3	LED4	LED5	详细说明
					当前电台信号强度为83.0%~100%，相机收发信号正常
					当前电台信号强度为66.6%~83.0%，相机收发信号正常
					当前电台信号强度为49.8%~66.6%，相机收发信号正常
					当前电台信号强度为33.3%~49.8%，相机收发信号正常
					当前电台信号强度为16.6%~33.3%，相机收发信号正常
					当前电台信号强度为0.0%~16.6%，相机收发信号正常
					电台信号强度灯为流水状态，其他两个LED灯熄灭，说明相机电台ID未与基站匹配，或者电台天线未接入

图 4–8　侧面板指示灯状态

3. 蜂鸣

蜂鸣提示音信息见表 4-2。

表 4-2　蜂鸣提示音

序号	提示音	提示音说明
1	连续蜂鸣	设备通电
2	蜂鸣一声	相机开机
3	蜂鸣一声（等待 7s）	相机关机
4	蜂鸣一声	USB 连接
5	蜂鸣两声并自动调整状态	相机休眠
6	持续蜂鸣	相机未正常关机
7	持续蜂鸣	相机故障

实训任务 3　倾斜摄影相机的故障排除

任务概述

本实训任务包含“排除电台信号强度为 0 的故障”“相机时间复位”“排除相机拍照警告故障”“处置相机拍照过程中警告”“处置相机关机后警告”“排除相机读取数据异常故障”“排除存储卡故障”“倾斜摄影相机的维护与保养”8 个技能点，请大家在 < 任务实施 > 环节通过对这 8 个技能点的实践学习，逐步掌握倾斜摄影相机的故障排除。

小组分工

班级		组号		指导老师	
组长		学号			
组员角色分配					
信息员		学号			
操作员		学号			
记录员		学号			
安全员		学号			
任务分工					
（就组织讨论、工具准备、数据采集、数据记录、安全监督、成果展示等工作内容进行任务分工）					

任务实施

技能点 1：排除电台信号强度为 0 的故障

出现电台信号强度为 0 时，需核对以下信息。

实施步骤与操作要点：

步骤	操作要点
1	核对基站的身份标识号（ID）与相机 8 位序列号（SN）是否一致
2	核对相机 8 位 SN 与标签的 ID 是否一致
3	检查相机和基站的天线是否拧紧、无松动

技能点 2：相机时间复位

实施步骤与操作要点：

测试流程	具体内容
现象描述	相机每次开机后的第一张照片会丢失，同一次开机从第二次触发开始，相机工作正常。并且对应相机的文件存储路径发生改变，拍照时间与实际时间不符，被复位到初始时间
原因分析	相机长时间放置不工作情况下，相机内部纽扣电池电量消耗完毕，无法维持时钟系统正常运行。每次相机重新上电开机之后，内部运行时间重置成初始时间，导致相机触发第一次拍照无效，无法写入存储卡，但是显示屏 P 值计数加 1，故每次拍照结束后对应的 PIC 值会比 P 值要少 1。同时，时间重置后，DCIM 内的文件夹将以默认时间为参考创建子文件夹，文件夹名称后 5 位数为 40101，创建时间为初始时间，每次开机后，相机时间都从默认值开始，开始拍照属性时间从 0 分开始，该相机以后的照片都默认存储到此文件夹
解决方法	（1）在起飞之前，相机需要试拍两三张照片，保证有效飞行区域内第一张照片写入存储器 （2）读取数据时将 40101 的文件夹以当天实际时间重命名，下次相机开机拍照将自动创建新的 40101 文件夹，重新写入有效照片 （3）相机设备长时间不使用时，每隔 1 个月，需要对相机进行上电开机至少 30min

技能点 3：排除相机拍照警告故障

实施步骤与操作要点：

测试流程	具体内容
现象描述	相机触发拍照，显示屏 PIC1~PIC5 数值有个别或者全部未增加，只有 P 的数值增加，并伴随有“嘀”一声蜂鸣器声响。无任何 WRONG 警告信号提示
原因分析	（1）相机数据未正确写入存储卡 （2）相机存在异常开关机、断电历史，导致相机写入数据失败 （3）相机供电不足，导致相机写入数据电流不足，进入掉电保护状态

（续）

测试流程	具体内容
原因分析	（4）相机丢失文件（存储卡误删文件、计算机病毒、机芯自身系统故障等均可造成此现象） （5）相机存储卡空间不足 （6）相机存储卡虚满 （7）相机疲劳或者相机主板损坏、不稳定
解决方法	（1）相机上电开机 （2）轻触按键对相机镜头开机，等待 10s （3）连接 USB 数据线到 PC 端 （4）对故障的盘符进行点击鼠标右键→格式化（选择默认的格式化参数即可） （5）格式化成功后，右键弹出各个盘符 （6）使用修复键“⟲”修复，单按一下，等待 10s，再按一次，等待 30s，然后关机 （7）开机触发拍照测试

技能点 4：处置相机拍照过程中警告

实施步骤与操作要点：

测试流程	具体内容
现象描述	相机持续长时间工作后，显示屏显示“开机中 WRONG”，并且会连续伴随间隔性的“嘀、嘀……”蜂鸣器警告声 开机中 WRONG 1
原因分析	此问题属于正常工作现象。相机长时间工作后，因相机内部温度过高，触发相机内部过热保护措施
解决方法	将相机关机后断电，静置冷却 3~5min 后重启即可

技能点 5：处置相机关机后警告

实施步骤与操作要点：

测试流程	具体内容
现象描述	相机长时间工作之后，关机时相机上显示屏显示“关机中WRONG”，并且会伴随间隔性的“嘀、嘀……”蜂鸣器警告声 关机中 WRONG: 345
原因分析	此问题属于正常工作现象。相机长时间工作后，因相机内部温度过高，触发相机内部过热保护措施，导致相机镜头无法关闭
解决方法	（1）将相机直接断电，静置冷却 3~5min 后重启即可 （2）若出现设备机芯或线路故障、内部线路或相机问题，需返厂进行维修

技能点 6：排除相机读取数据异常故障

实施步骤与操作要点：

测试流程	具体内容
现象描述	USB 读取相机数据过程中，PC 端资源管理器有个别盘符无法读取或识别
原因分析	（1）相机在航测结束后直接读取数据，因相机温度过热，触发相机过热保护机制，会导致无法读取相机存储卡 （2）相机数据未正确写入存储卡 （3）计算机驱动更新问题 （4）数据线损坏或端口接触不良 （5）可读取到相机文件，不能读取到存储卡： ①存储卡问题 ②计算机驱动问题 ③数据未正确写入存储卡 （6）一两个移动盘符丢失，无法读取

（续）

<table>
<tr><th>测试流程</th><th>具体内容</th></tr>
<tr><td>解决方法</td><td>

（1）将相机关机断电，等待 3~5min 后，重启正常开机，读取相机数据即可

（2）相机触发拍照测试确认问题后执行一次修复操作

（3）更换计算机或安装驱动精灵，更新 U 盘驱动。PC 端显示的相机磁盘信息为 ILCE-5100、ILCE-6000。详细操作如下：

①首次将相机插入计算机，计算机提示是否安装驱动，应选择否

②如果被系统自动安装，或者选择了是，需要强制更新驱动，操作如下

③进入计算机的“设备管理器”→选择“便携设备”

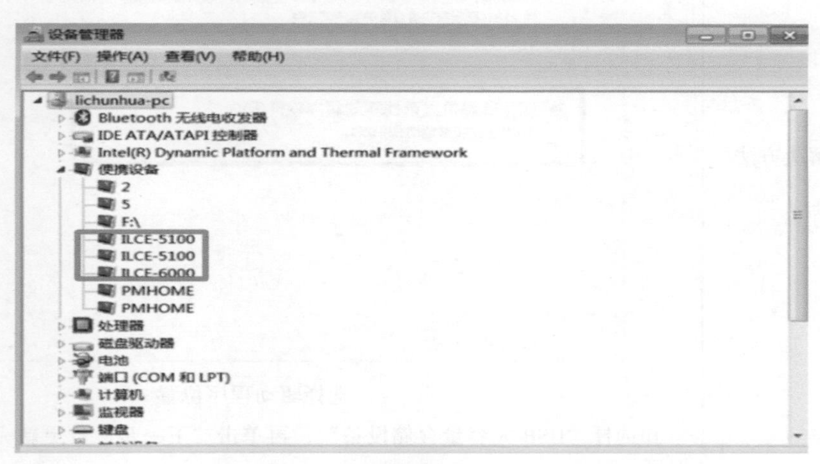

设备选择

④在对应的 ILCE-5100/ILCE-6000 盘符单击右键菜单“更新驱动程序软件”

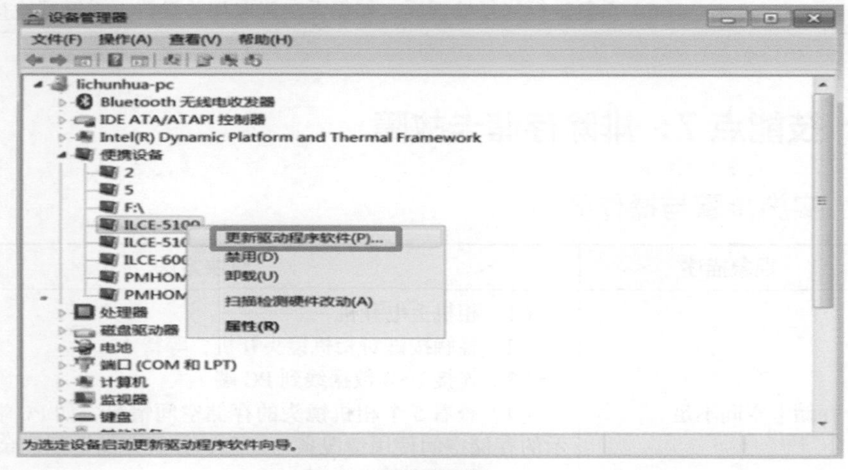

更新驱动

</td></tr>
</table>

（续）

测试流程	具体内容
解决方法	⑤选择“浏览计算机以查找驱动程序软件”→选择“从计算机的设备驱动程序列表中选择” 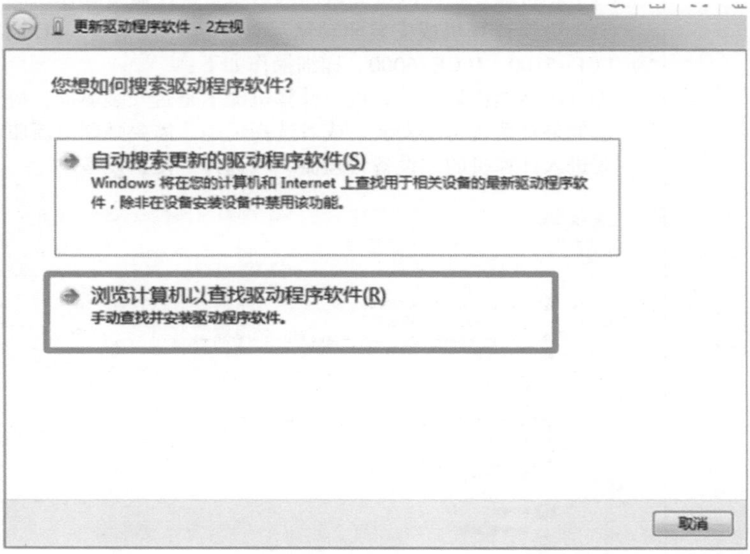 选择驱动程序位置 ⑥选择“USB 大容量存储设备”，再单击“下一步”，更新完毕单击“关闭”即可 （4）更换 micro USB 线缆，尝试更换计算机读取数据 （5）更新计算机驱动，请参考方法（3）操作更新 U 盘驱动 （6）重复进行修复处理后，如仍无法读取相关盘符，需返厂检查修复

技能点 7：排除存储卡故障

实施步骤与操作要点：

现象描述	解决方法
存储卡空间不足	（1）相机上电开机 （2）轻触按键对相机镜头开机，等待 10s （3）连接 USB 数据线到 PC 端 （4）查看 5 个相机镜头的存储空间情况，如 PC 端资源管理器显示的存储空间使用情况条为红色，并且存储空间剩余不足 200MB 情况下，说明存储空间不足 （5）对存储空间不足的存储卡进行数据备份后清理存储卡空间

（续）

现象描述	解决方法
存储卡虚满	（1）相机上电开机 （2）轻触按键对相机镜头开机，等待 10s （3）连接 USB 数据线到 PC 端 （4）将相机配置文件更新 （5）将存储卡数据备份后，格式化存储卡（选择默认的格式化参数即可） （6）使用修复键修复

技能点 8：倾斜摄影相机的维护与保养

使用倾斜摄影相机设备时，应注意日常维护保养工作。

实施步骤与操作要点：

步骤	操作要点
1	避免在极热、有强烈振动、靠近强磁场、高湿度的地方存放相机
2	切勿使用含有稀释剂或汽油等有机溶剂的清洁剂清洁镜头
3	设备存放时，尽量避免光线长时间对镜头的照射
4	避免将设备直接从寒冷场所突然带到暖和场所，防止发生湿气凝聚
5	设备的工作温度为 -20~45℃，不推荐在工作温度范围以外的极冷极热环境工作；在高温条件下作业时，建议飞行架次结束后，对相机断电冷却 3~5min 再进行下一次飞行作业，以保证相机的正常工作
6	注意检查设备的连接螺钉有无损坏或松动，建议设备飞行 200 个架次后返厂检查保养一次

拓展课堂

无人机相关处罚

★未按照规定进行民用无人机实名注册登记从事飞行活动的，由军民航空管部门责令停止飞行。民用航空管理机构对从事轻型、小型无人机飞行活动的单位或者个人处以 2 千元以上 2 万元以下罚款，对从事中型、大型无人机飞行活动的单位或者个人处以 5 千元以上 10 万元以下罚款。

★未按照规定进行民用无人机国籍登记从事飞行活动的，由军民航空管部门责令停止飞行。民用航空管理机构对从事轻型、小型无人机飞行活动的单位或者个人处以 1 万元以上 10 万元以下罚款，对从事中型、大型无人机飞行活动的单位或者个人处以 10 万元以上 50 万元以下罚款；如有违法所得，没收违法所得，并处违法所得 1 倍以上 5 倍以下的罚款。

★未满 14 周岁且无成年人现场监护而驾驶轻型无人机飞行的，由民用航空管理机构处以 200 元以上 500 元以下罚款。

★未按照规定取得民用无人机驾驶员合格证或者执照驾驶民用无人机的，由民用航空管理机构处以 5 千元以上 10 万元以下罚款。超出合格证或者执照载明范围驾驶无人机的，由民用航空管理机构暂扣合格证或者执照 6 个月以上 1 年以下，并处以 3 万元以上 20 万元以下罚款。

私自改造无人机处罚

★对私自改造无人机飞行控制系统，破坏空域保持和被监视能力，改变速度、高度、无线电发射功率等性能的行为，由工业和信息化部门、民用航空管理机构、产品质量监督部门等给予警告，暂扣或者吊销经营许可证、飞行合格证或者执照，并处以 2 万元以上 20 万元以下罚款。

违规携带无人机处罚

★违反规定携带或者寄递民用无人机入境的，由海关暂扣涉事无人机，并对携带或者寄递轻型、小型无人机的单位或者个人处以 5 千元以上 10 万元以下罚款，对携带或者寄递中型、大型无人机的单位或者个人处以 5 万元以上 50 万元以下罚款。

案例

（1）2021 年 11 月 11 日，因擅自破解禁飞限制开展无人机飞行，4 人被北京警方刑拘。

（2）2021 年 9 月，周某因在网络上推广无人机解禁业务，法院以提供侵入、非法控制计算机信息系统程序、工具罪判处其有期徒刑 2 年，并处罚金 3 万元。

05

模块五

无人直升机装调与检修

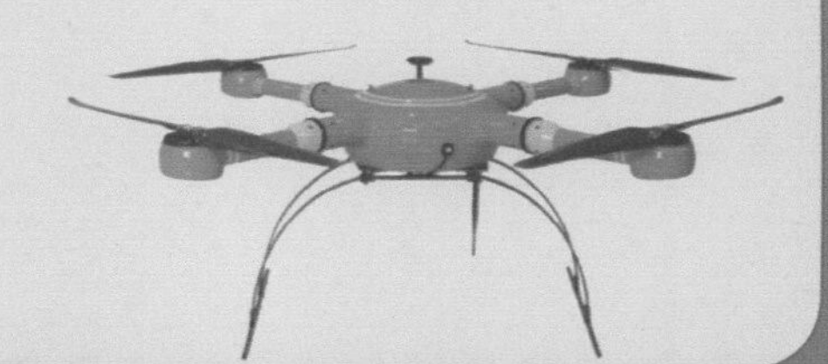

无人驾驶直升机是指由无线电地面遥控飞行或自主控制飞行的可垂直起降不载人飞行器，无人直升机在构造形式上也属于旋翼飞行器的一种，在功能上属于垂直起降飞行器。由于在飞行、起降和飞行控制方式上与传统的多旋翼无人机有所不同，近年来无人直升机得到了迅速的发展，正日益成为人们关注的焦点。

能力目标

- 能够掌握无人直升机的结构与组装
- 能够对组装完成的无人直升机进行调试
- 能够对常见的无人直升机的故障进行排除

素养目标

- 培养学生用灵活的思维处理和分析信息
- 培养学生好奇心、想象力和创造力
- 培养学生严谨务实、精益求精的工作态度

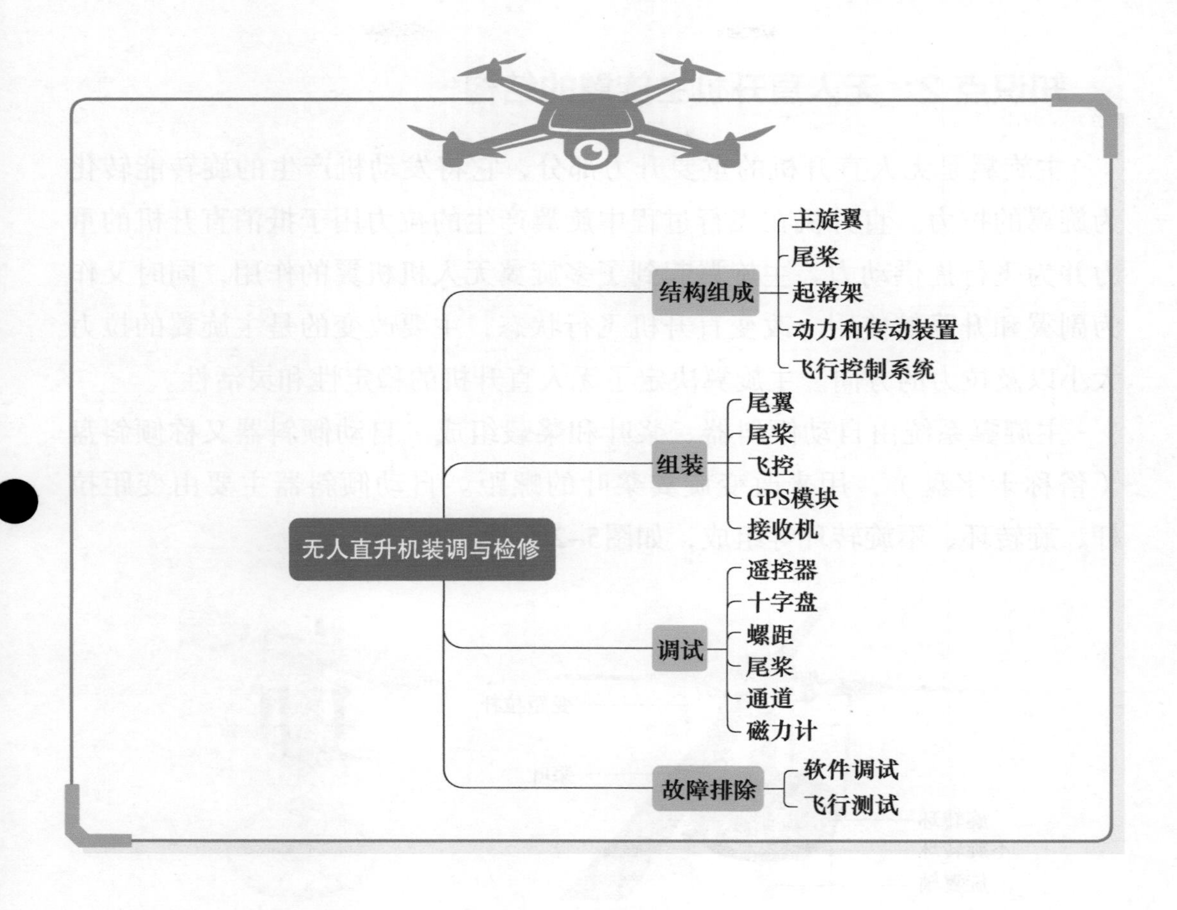

实训任务 1　无人直升机的结构组成

知识点 1：无人直升机的结构

无人直升机主要由主旋翼、尾桨、起落架、机身、飞控系统、动力装置和传动装置等组成，如图 5-1 所示。

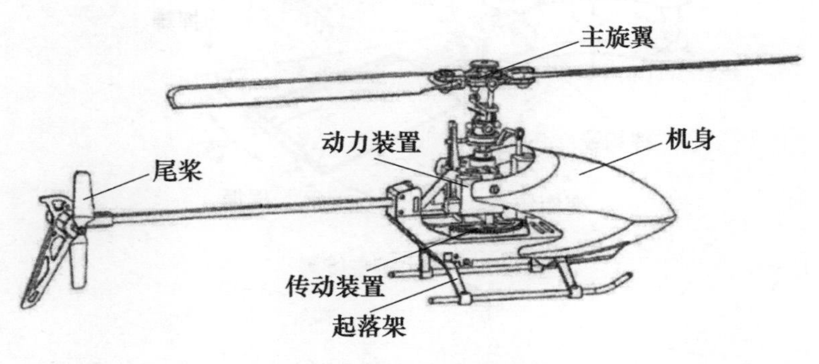

图 5-1　无人直升机的结构

知识点 2：无人直升机主旋翼的结构

主旋翼是无人直升机的重要升力部分，它将发动机产生的旋转能转化为旋翼的拉力。直升机在飞行过程中旋翼产生的拉力用于抵消直升机的重力并为飞行提供动力。主旋翼起到了多旋翼无人机机翼的作用，同时又作为副翼和升降舵使用。改变直升机飞行状态，主要改变的是主旋翼的拉力大小以及拉力的方向。主旋翼决定了无人直升机的稳定性和灵活性。

主旋翼系统由自动倾斜器、桨叶和桨毂组成。自动倾斜器又称倾斜盘（俗称十字盘），用来改变旋翼桨叶的螺距。自动倾斜器主要由变距拉杆、旋转环、不旋转环等组成，如图5-2所示。

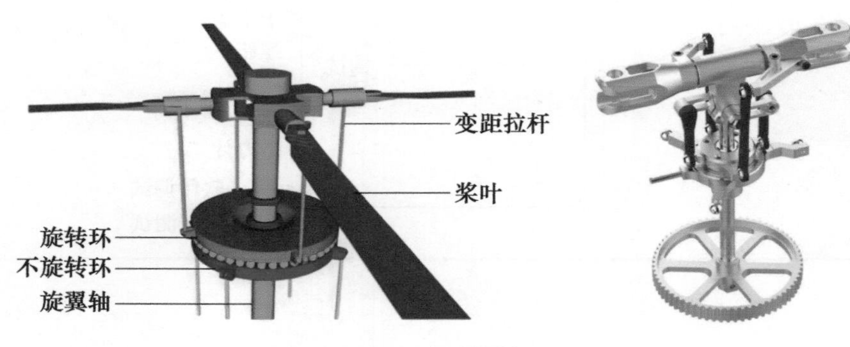

图 5-2　自动倾斜器

1. 全铰接主旋翼（图 5-3）

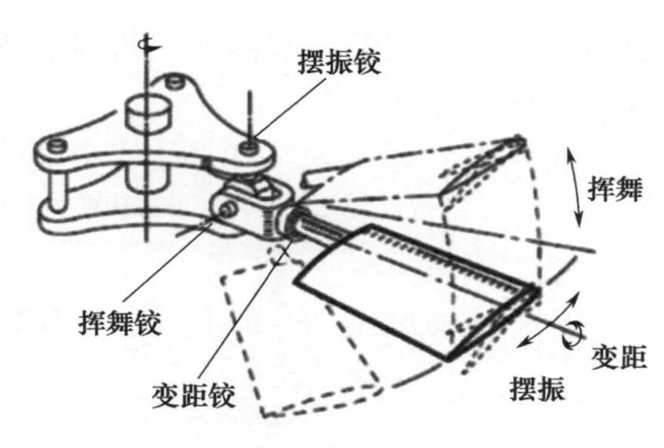

图 5-3　全铰接主旋翼

通常全铰接主旋翼包含 3 个或者更多个旋翼桨叶。旋翼桨叶可以独立地做挥舞、周期变距、摆振 3 种运动。典型的铰接式桨毂铰的布置顺序（从里向外）由挥舞铰、摆振铰到变距铰，20 世纪 40 年代中期，全铰式旋翼系统得到广泛应用。

2. 半刚体主旋翼（图 5–4）

这种旋翼形式与铰接式相比，其优点是桨毂构造简单，去掉了摆振铰和减摆器，两片桨叶共同的挥舞铰不负担离心力而只传递拉力及旋翼力矩，万向接头架负荷比较小，没有“地面共振”问题。但是这种旋翼操纵功效和角速度阻尼比较小，稳定性较差。

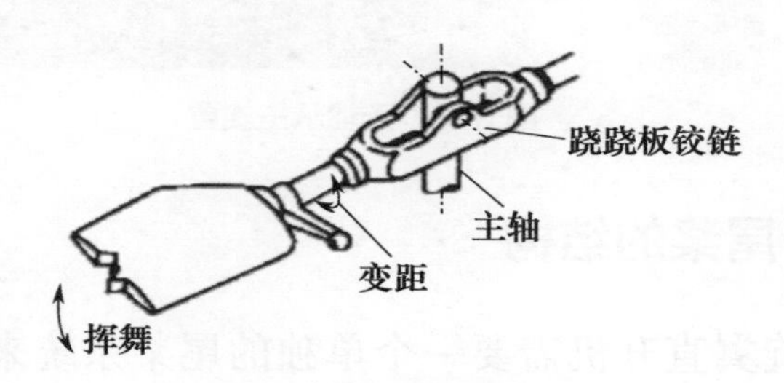

图 5–4　半刚体主旋翼

3. 刚体主旋翼（图 5–5）

经过长期的理论与试验研究，20 世纪 60 年代末及 70 年代初刚体（无铰式）主旋翼进入了实用阶段。这类系统中桨叶不可以做挥舞和摆振动作，但是可以变距。

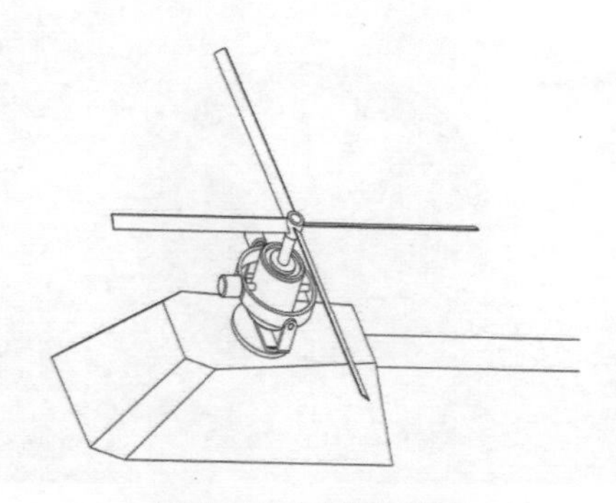

图 5–5　刚体主旋翼

4. 无轴承主旋翼（图 5-6）

无轴承旋翼系统就是取消了挥舞铰、摆振铰和变距铰的旋翼系统，桨叶的挥舞、摆振和变距运动都以桨叶根部的柔性元件来完成，如美国 RAH-66 科曼奇直升机。

图 5-6　无轴承主旋翼

知识点 3：尾桨的结构

大多数单主旋翼直升机需要一个单独的尾桨系统来克服主旋翼旋转产生的扭矩。尾桨的结构形式有多种，其中跷跷板式、万向接头式、铰接式、无轴承 4 种在上一个知识点已经介绍，下面重点介绍涵道尾桨和无尾桨（NOTAR）。

1. 涵道尾桨（图 5-7）

图 5-7　涵道尾桨

涵道尾桨将尾桨缩小，“隐藏”在尾撑端部的巨大开孔里，相当于给尾桨安上一个罩子，这样大大改善了安全性，不易打到周围的物体，噪声小。涵道尾桨的缺点是重量较大，这个问题随涵道尾桨直径增加而急剧恶化，所以涵道尾桨难以用到大型直升机上。

2. 无尾桨（图 5–8）

无尾桨（NOTAR）用喷气引射和主旋翼下洗气流的有利交互作用形成反扭矩，尾撑顶端的直接喷气控制提供更精细的方向控制，但不提供主要的反扭矩。NOTAR 的噪声比涵道尾桨更低，安全性更好。

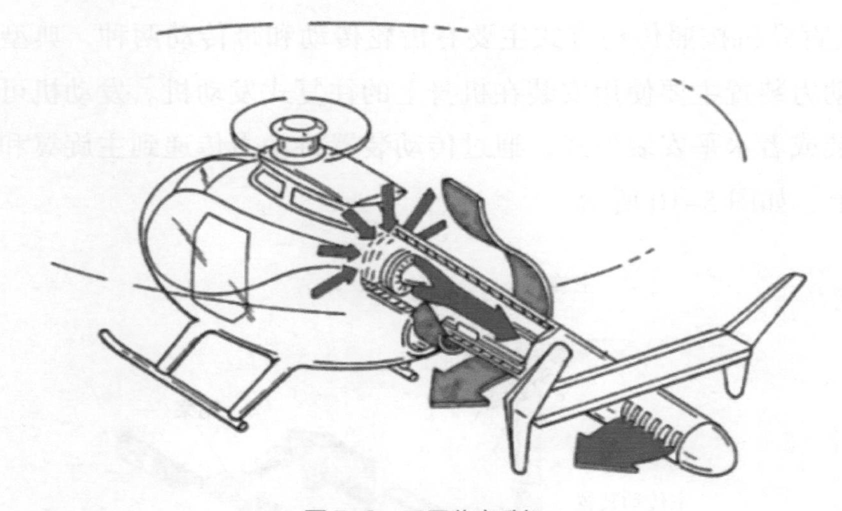

图 5–8　无尾桨直升机

知识点 4：起落架的结构

直升机起落架主要作用是吸收在着陆时垂直速度带来的能量，减小着陆时撞击引起的过载，以及保证在整个使用过程中不发生“地面共振”。此外，起落架往往还用来使直升机具有在地面运动的能力，减少滑行时由于地面不平而产生的撞击与颠簸。最常见的起落架是滑橇式的，适合在不同类型的表面上起降。一些滑橇式起落架安装了减振器，以减少着陆冲击和振动传递到主旋翼，如图 5–9 所示。

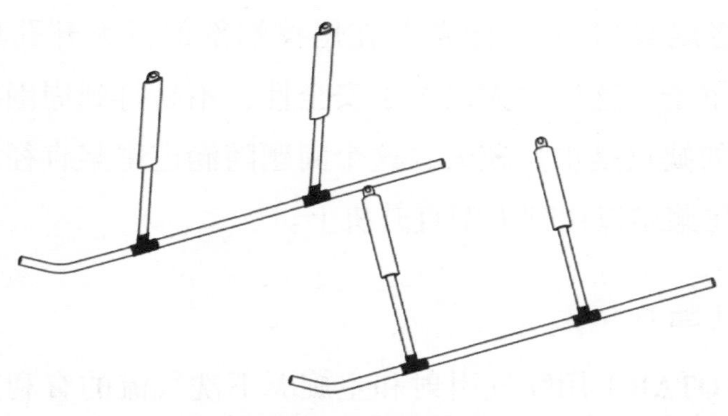

图 5-9 滑橇式起落架

知识点 5：动力和传动装置的结构

无人直升机按照传动方式主要有齿轮传动和带传动两种，典型的无人直升机动力装置主要使用安装在机身上的往复式发动机。发动机可以采用垂直安装或者水平安装方式，通过传动装置将动力传递到主旋翼和尾桨的传动轴上，如图 5-10 所示。

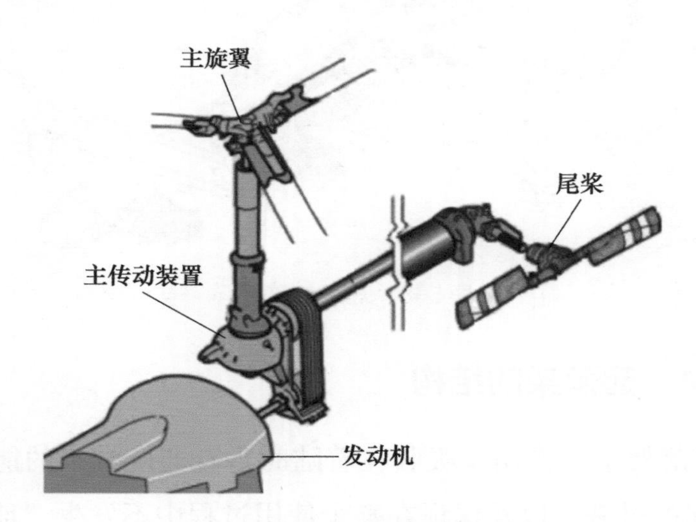

图 5-10 无人直升机动力和传动装置

典型情况下，发动机通过一个主传动机构和传动带或者一个离心式离合器来驱动主旋翼。无人直升机可以采用的另外一种动力装置是无刷电机。这种动力装置结构简单、维护方便，适用于大多数的小型无人直升机。

知识点 6：无人直升机飞行控制系统

无人直升机的飞行控制系统与多旋翼无人机的飞控系统类似，主要由陀螺仪（飞行姿态感知）、加速度计、地磁感应器、气压传感器（悬停高度粗略控制）、超声波传感器（低空高度精确控制或避障）、光流传感器（悬停水平位置精确确定）、GPS 模块（水平位置高度粗略定位）以及控制电路组成，主要的功能是自动保持直升机的正常飞行姿态，如图 5-11 所示。

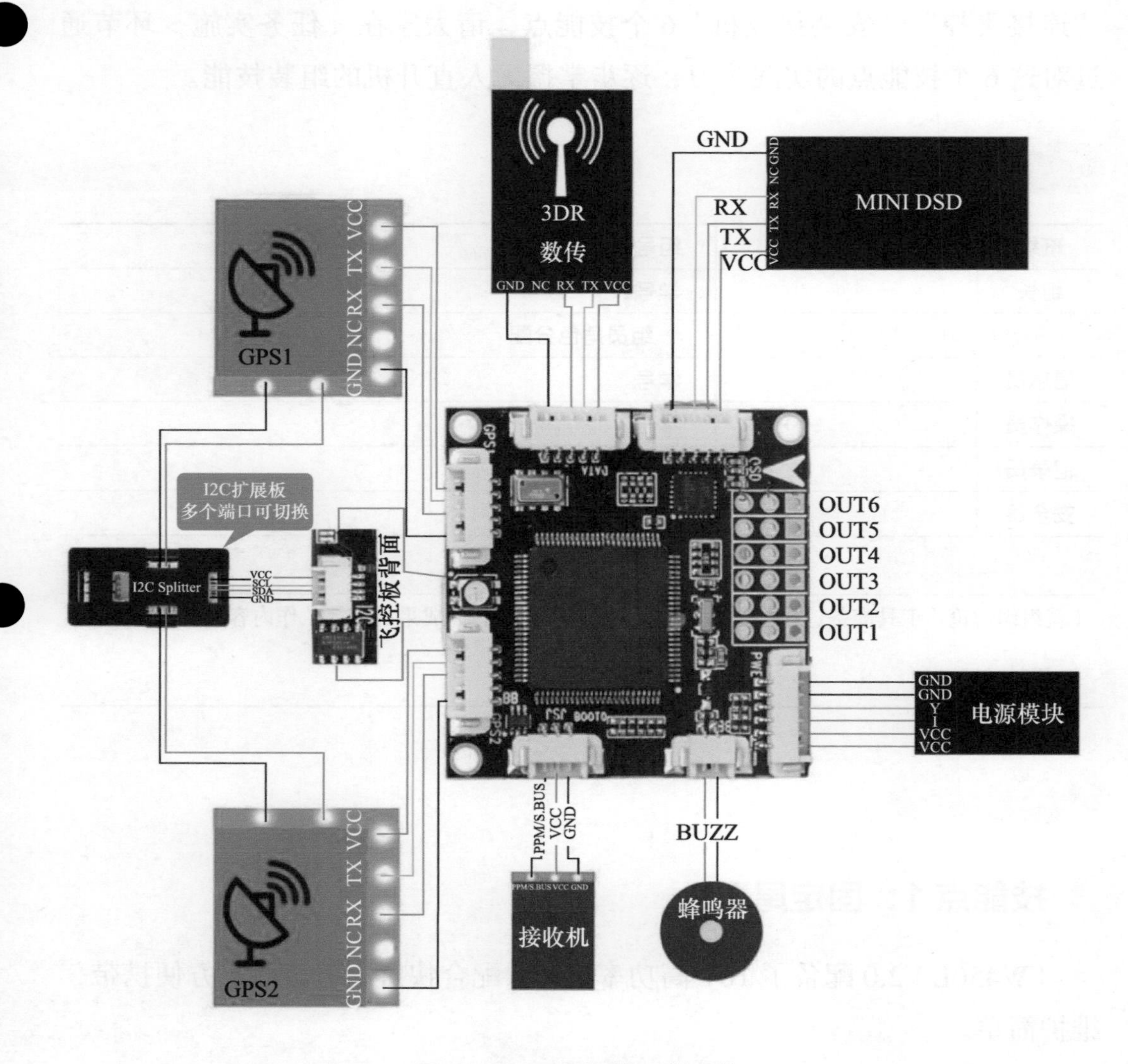

图 5-11　无人直升机飞控系统

实训任务 2 无人直升机的组装

任务概述

无人直升机的组装要求较为严格，需要将直升机各机械部件完美匹配组装，本任务组装机型选为飞翼航空的 FW450L。

本实训任务包含“固定尾翼”“安装尾桨”“安装飞控”“安装 GPS 模块”“连接飞控”“安装接收机”6 个技能点，请大家在 < 任务实施 > 环节通过对这 6 个技能点的实践学习，逐步掌握无人直升机的组装技能。

小组分工

班级		组号		指导老师	
组长		学号			
组员角色分配					
信息员		学号			
操作员		学号			
记录员		学号			
安全员		学号			
任务分工					
（就组织讨论、工具准备、数据采集、数据记录、安全监督、成果展示等工作内容进行任务分工）					

任务实施

技能点 1：固定尾翼

FW450L V2.0 配备了 16V 高功率电机，配合快拆尾管设计，方便携带，维护简单。

取出尾管，将其插入机身后侧尾管固定槽内，确认插入到位后，旋转固定扳手，直至锁紧尾管，如图 5-12 所示。

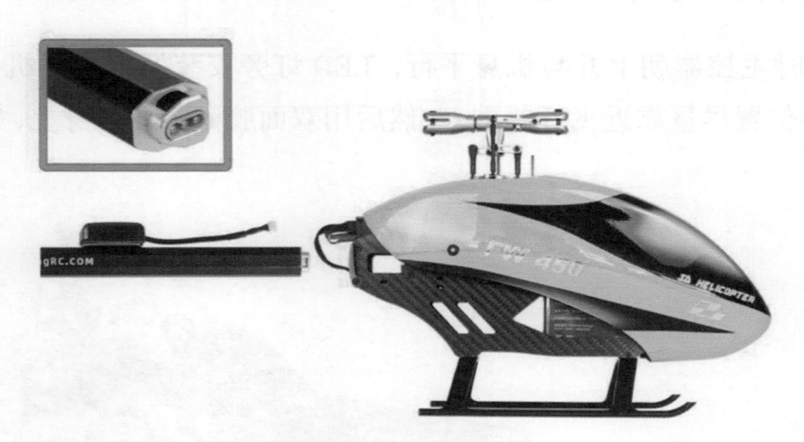

图 5-12　固定尾翼

技能点 2：安装尾桨

FW450L 采用定制无刷锁尾电机，搭配专用直升机电调程序，锁尾性能强劲，响应快速。将电机固定在尾翼的右侧，螺旋桨安装在电机上，注意安装螺旋桨时，没有字的一面朝外，电机及旋翼的旋转方向为逆时针，如图 5-13 所示。

图 5-13　安装尾桨

技能点 3：安装飞控

安装时主控器朝上并与机身平行，LED 灯旁安装标记指向机头方向，并且中心位置尽量靠近飞行器重心，然后用双面胶固定在机身上，如图 5-14 所示。

图 5-14　安装飞控

技能点 4：安装 GPS 模块

1. 固定模块

GPS 模块与机身保持水平平行，GPS 模块出线方向指向正机头方向，然后用双面胶固定到固定座上，固定座通过双面胶和扎带固定在尾管上。安装后尽量确保 GPS 模块与机身保持水平，GPS 模块固定牢固，出线与机头保持水平，剪去多余扎带。

GPS模块安装应距离磁性物质（包含但不限于电源线、舵机、电机、磁铁、扬声器等）至少15cm，否则会干扰GPS模块内部指南针。

2. 接入飞控

将GPS模块线材正确插入飞控GPS端口，如图5-15所示，确认自锁卡扣到位（“啪嗒”一声），并确认GPS模块线材固定在尾管上。

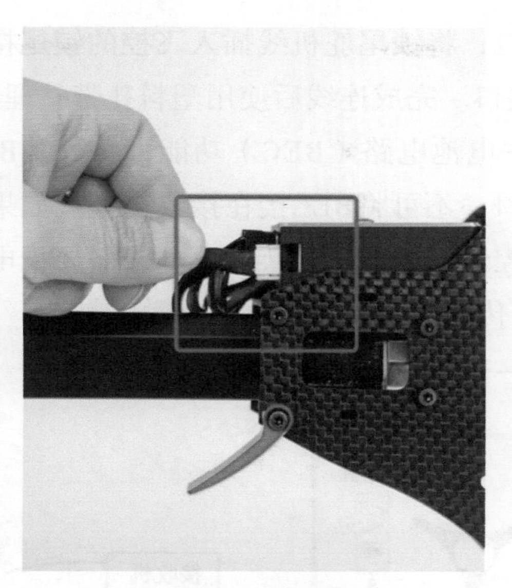

图 5-15 GPS 模块线材插入飞控

GPS 模块使用要求：

（1）保持 GPS 模块标记的一面朝上，且箭头指向飞行器机头方向，否则无法正常飞行。

（2）尽量保持周围无高大建筑物且无树木遮挡，否则会影响 GPS 模块，造成搜星变差。

（3）指南针为磁性敏感设备，应远离强磁场、强电场、强电磁场(电线)，否则会出现飞行异常，无法解锁甚至飞行器不受控制。靠近某些物体出现指南针干扰或航向控制异常时，应尽快远离。

（4）安装时需要选择合适的 GPS 模块安装位置，以避免在运行过程中指南针受到干扰，具体适合的位置需要根据飞行器类型、设备安装位置等来确定。确保在飞行器上任何设备处于最大负载运行时不会出现指南针受干扰的警告，并且飞行过程中不会出现定点环绕现象。

技能点 5：连接飞控

从机尾往机头看，控制左侧十字盘运动的舵机是左舵机，找到它的舵机线，将白线作为信号线向下，插入飞控的左舵机接口；找到右舵机，同样，白色信号线向下，插入飞控的右舵机接口；将控制后侧十字盘运动的舵机插入后舵机接口；将锁尾舵机线插入飞控的锁尾接口；将电调的信号线接入飞控的ESC接口。完成连线后使用塑料扎带整理连线，使其整洁。

如果电调没有去电池电路（BEC）功能，将外接BEC和电调信号线并联，接入飞控电调口，不可将BEC接在接收机上。如果不需要低电量返航功能，可以不接飞控侧面的电压回传线，如果需要低电压返航功能，可利用Y形线，将电压回传线与电调的电源线并联。

具体接线如图 5–16 所示。

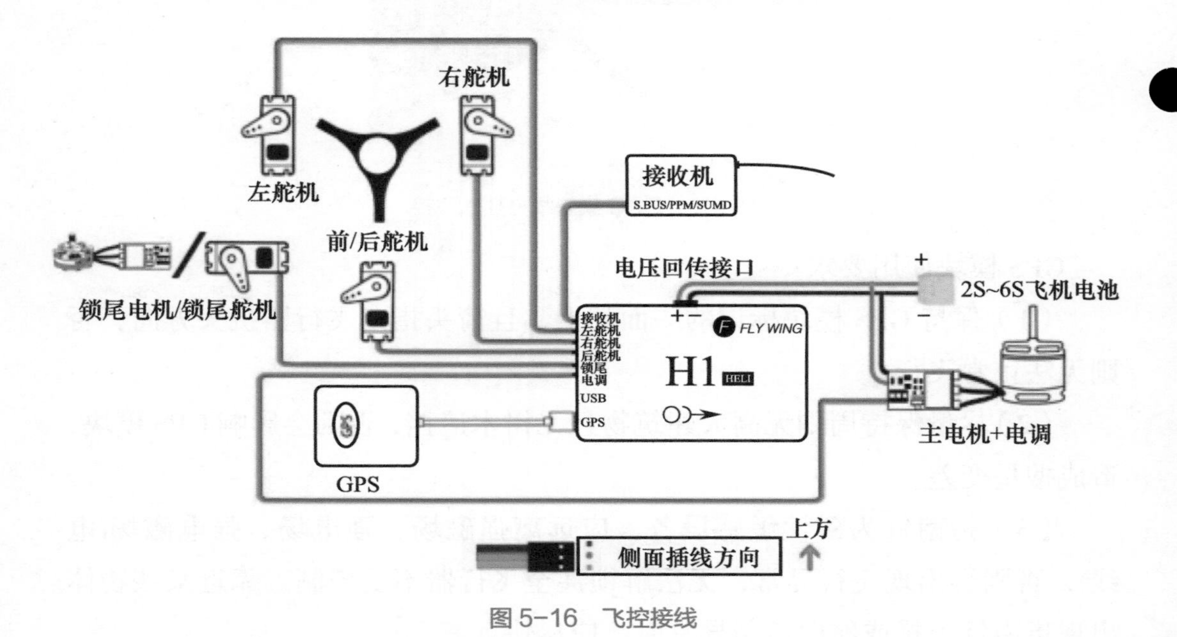

图 5–16　飞控接线

技能点 6：安装接收机

选择带有 S.BUS 输出工作模式的接收机，通过杜邦线连接接收机的 S.BUS 通道与飞控的 RC 通道。不同类型接收机连线接口不同，应对应连线。

接收机的电源由飞控稳压后直接供接收机使用，不要给接收机额外供电，也不要接任何额外的用电设备，否则会烧毁飞控内部稳压系统，如图 5–17 所示。

尾翼舵机安装好后，将接收机用双面胶粘到右侧板上，另外一个接收模组安装到尾翼杆上，并将连接线用扎带固定好。

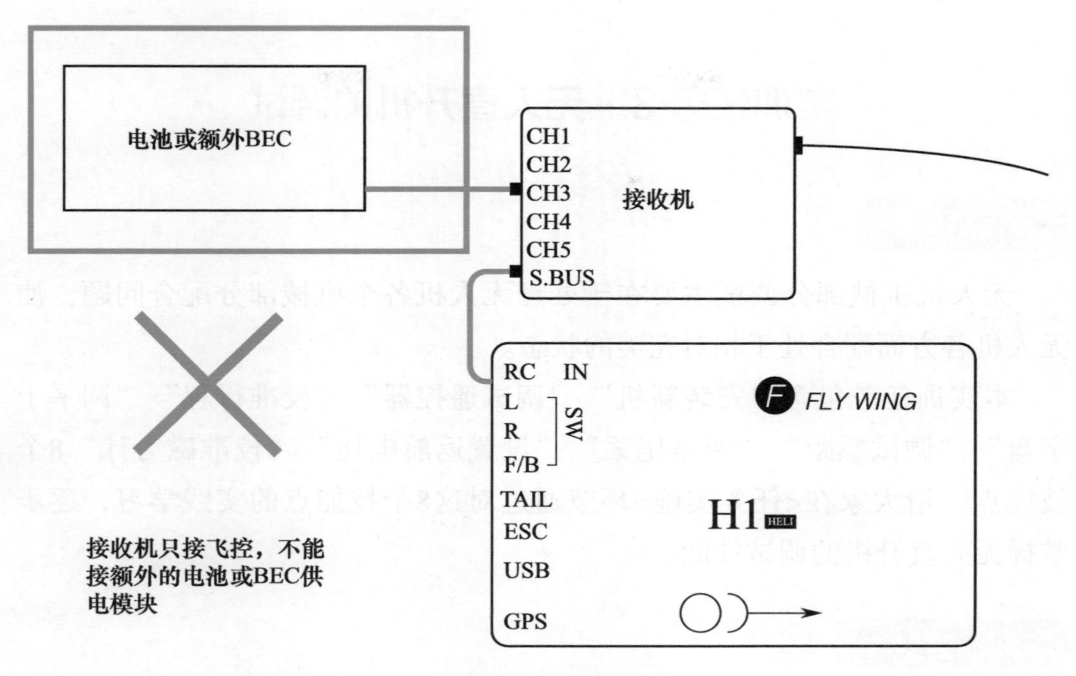

图 5-17　错误安装

特别提示：组装注意事项

无人直升机机身组装的好坏直接影响调试无人直升机的难度，影响无人直升机飞行安全，组装注意事项如下：

（1）安装伺服舵机臂需要先找到舵机的中立位置。

（2）无人直升机上所有球头连杆需要比要求数值多出 3~5mm，以便为无人直升机调试留有余地。

（3）无人直升机陀螺仪安装位置应尽可能避免强电磁干扰，如避免与电调、电机等直接安装在一起。

（4）要考虑接收机安装的位置，选取干扰小且牢固可靠的位置作为接收机的安装位置。

（5）合理布线，需要根据电调、陀螺仪、接收机安装位置，选择合理布线格局，防止舵机线不够长或与其他机械结构摩擦裸露。

（6）机身上所有螺钉需要调试结束后统一涂抹螺纹锁固剂，再检查锁紧情况。

实训任务 3　无人直升机的调试

任务概述

无人机机械部分调试主要在于处理无人机各个机械部分配合问题，使无人机各方面配合处于相对完美的状态。

本实训任务包含“安装新机”“调试遥控器”“校准行程”“调平十字盘”“调试螺距”“调整尾桨”“设置返航电压”“校准磁力计”8个技能点，请大家在<任务实施>环节通过对这8个技能点的实践学习，逐步掌握无人直升机的调试技能。

小组分工

<table>
<tr><td>班级</td><td></td><td>组号</td><td></td><td>指导老师</td><td></td></tr>
<tr><td>组长</td><td></td><td>学号</td><td colspan="3"></td></tr>
<tr><td colspan="6">组员角色分配</td></tr>
<tr><td>信息员</td><td></td><td>学号</td><td colspan="3"></td></tr>
<tr><td>操作员</td><td></td><td>学号</td><td colspan="3"></td></tr>
<tr><td>记录员</td><td></td><td>学号</td><td colspan="3"></td></tr>
<tr><td>安全员</td><td></td><td>学号</td><td colspan="3"></td></tr>
<tr><td colspan="6">任务分工</td></tr>
<tr><td colspan="6">（就组织讨论、工具准备、数据采集、数据记录、安全监督、成果展示等工作内容进行任务分工）</td></tr>
</table>

任务实施

技能点 1：安装新机

实施步骤与操作要点：

步骤	操作要点
1. 检查设备	在给设备通电之前拆下所有舵机臂，拔出锁尾舵机线，确保飞行控制系统供电正常

（续）

步骤	操作要点
2. 连接计算机	连接 H1 飞控至计算机，遥控器已正确设置，对频并打开，模式处于 3D 档位。选择正确的 COM 口（非 COM1 口），单击连接按钮，连接计算机，成功后连接按钮变绿
3. 安装新机	单击主界面的“安装新机” 选择对应机型。根据直升机配置进行选择，如果没有对应机型，选择通用机型，选择对应大小的机型 确认机型配置

技能点 2：调试遥控器

选择的遥控器必须支持 S.BUS 模式，遥控器至少有 9 个通道，需有失控保护功能，并可由自己设定所有通道的失控保护输出，否则将无法实现失控保护功能。遥控器工作模式设置为固定翼，遥控器所有通道应独立工作，不需要设置任何混控。

以乐迪 AT9S 遥控器为例，进行遥控器适配。遥控器的通道设置要与飞控通道一致。

实施步骤与操作要点：

步骤	操作要点
1. 检查设备	在给设备通电之前拆下所有舵机臂，拔出锁尾舵机线，确保飞行控制系统供电正常
2. 新建模型	遥控器开机，长按“Mode”键进入基础菜单，进入“模型选择”，新建一个模型并确定
3. 选择机型	在基础菜单进入机型选择，设置固定翼模型 直升机模型设置操作复杂，固定翼模型菜单设置较为简单，为了方便操作，这里设置为固定翼模型
4. 设置模式切换开关	在基础页面进入辅助通道设置，选择 5 通道，将其设置为姿态选择，并赋予三段开关“SWC”
5. 设置启动熄火开关	7 通道为启动熄火开关，将其设置为“SWF”二段开关
6. 设置半自主飞行	8 通道为半自主飞行模式，为其设置“SWG”三段开关
7. 设置一键倒飞	9 通道为一键倒飞，为其设置“SWB”二段开关
8. 对频	接收机连接至飞控，给飞控通电。通电后给接收机与遥控器对频，对频方式与多旋翼无人机对频相同。选择接收机工作模式为蓝紫灯 S. BUS 输出模式

技能点 3：校准行程

实施步骤与操作要点：

步骤	操作要点
1. 校准主通道	设备通电，连接调参软件，分别操控左手上下调整螺距、左右旋转方向、右手前进后退，观察调参界面行程的方向是否正确。若方向错误，进入遥控器基础菜单中的“舵机相位”，选择方向错误的通道并设置反向 单击“开始行程校准”，操控遥控器摇杆到最大限位后回中，单击“完成”。观察 max 值与 min 值是否正确，正确则单击“写入”，存在偏差则重新校准遥控器行程
2. 校准模式开关	H1 飞控有 3 种模式，分别是返航、GPS、3D 模式，“SWC”通道的三段应与之对应，1 段应为返航模式，2 段为 GPS 模式、3 段为 3D 模式 拨动开关，检查开关位置是否与模式对应，若错误，进入舵机相位将 5 通道设置反向
3. 校准启动熄火开关	“SWF”开关前段为启动开关，后段为熄火开关，拨动“SWF”开关，观察调参界面显示，若错误，进入舵机相位将 7 通道设置反向
4. 校准半自动模式	H1 飞控的半自动模式有关闭、定点环绕与 8 字航线 3 种模式，各模式分别对应“SWG”一段开关，若错误，进入舵机相位将 8 通道设置反向
5. 校准一键倒飞	一般设置 1 段为正飞，2 段为倒飞。调参界面打开一键倒飞，拨动“SWB”开关，观察调参界面是否正确，若错误，进入舵机相位将 9 通道设置反向

技能点 4：调平十字盘

十字盘调平指主旋翼的十字盘与固定舵机的主轴座平行。在调试十字盘时可以无遥控器调试，如果遥控器处于开机状态，需要将遥控器拨到 3D 档位，否则无法调试舵机。

实施步骤与操作流程：

步骤	操作要点
1. 进入十字盘安装界面	遥控器调试完成后单击下一页，进入十字盘安装或直接单击旋翼头调试，找到十字盘界面
2. 分离十字盘与舵机	十字盘调平前需要保证十字盘未与舵机连接，校准舵机回中。将十字盘与舵机连接处拆下
3. 接入舵机	将左侧、右侧、后侧舵机线插入飞控对应通道，设备通电，静置无人机
4. 调试舵机回中	单击舵机回中，所有舵机回到中位

（续）

步骤	操作要点
5. 连接十字盘	将舵机臂接近水平安装至舵机，与连接十字盘左侧部分形成垂直状态，紧固舵机输出口螺钉
6. 调试十字盘	观察主旋翼十字盘，通过调整调参软件中对应舵机的滑块位置，将高出部分向下拉动至水平状态

技能点5：调试螺距

实施步骤与操作流程：

步骤	操作要点
1. 调整零螺距	调参软件进入螺距调整界面，单击“零螺距”。观察旋翼头上面的刻度线是否与中间刻度线齐平 若刻度线未齐平，滑动滑块适当调整螺距，如果滑块滑动到最大值或最小值仍未齐平，将零螺距滑块滑至中间，单击“调整完成”。回到舵机回中界面，将所有值向上或向下调整50，单击“完成”。回到螺距调整界面，单击“零螺距”，再次拖动滑块使刻度线齐平
2. 调整正螺距	调整正螺距的刻度，使主轴刻度线与旋翼刻度线齐平。电子螺距尺调整时需将正刻度调至12°
3. 调整负螺距	调整负螺距的刻度，使主轴刻度线与旋翼刻度线齐平。电子螺距尺调整时需将负刻度调至12°
4. 检查	调试结束后重新检查零螺距、正螺距、负螺距，确定调试正确后单击“调试完成”

技能点6：调整尾桨

本技能点内容为通用尾桨调试，如果使用FW450，则不需要进行调整。

实施步骤与操作流程：

步骤	操作要点
1. 舵机回中	选择尾舵机类型，使电机舵机回中，将舵机线插入飞控，将两只尾桨对叠，然后调整滑块，将尾桨调正
2. 调试左行程	单击左行程，设置滑块至最左，观察滑块位置是否在最左侧，如果错误，在调参界面单击“反向”，滑动滑块到左侧最大行程
3. 调试右行程	单击右行程，设置滑块至最右，观察滑块位置，调整滑块到右侧最大行程

技能点 7：设置返航电压

飞控检测电池电压并计算出单片电压，符合返航值则触发，并爬升返航。首次使用必须确认是否正确连接飞控的电压回传线（仅支持 3S~6S），在传感器界面查看是否打开低电压返航，所设置的返航电压是否符合自身需求（根据自己的飞行习惯确定返航电压值，推荐 3.7V，设置电压过低可能会导致电调先低压保护断电，或者触发返航后电池电量不足以支持无人机返航，返航途中电调保护断电）。

技能点 8：校准磁力计

首次使用必须进行指南针校准，否则系统可能无法正常工作，从而影响飞行安全。指南针容易受强电场、强磁场、强电磁场干扰，导致工作异常，甚至造成飞行事故，经常校准可使指南针工作在最佳状态。

实施步骤与操作要点：

校准方法	步骤	操作要点
调参软件校准	1	进入调参软件传感器界面，单击“开始指南针校准”
	2	旋翼朝上正面水平旋转 360°，旋翼朝下倒置水平旋转 360°
	3	机头朝上竖直旋转 360°，机头朝下竖直旋转 360°
	4	顺时针水平横滚 360°，逆时针水平横滚 360°
	5	如果进度条没有到头，重复以上操作直至校准进度条到头，提示校准成功
离线磁力计校准	1	飞行器接通电源，等待飞控自检
	2	自检完成后 LED 显示红灯闪烁，插入 USB，打开调参软件，选择正确的 COM 口，单击“连接”
	3	等待连接成功，单击传感器界面，单击“开始磁力计校准”，断开 USB
	4	旋翼朝上正面水平旋转 360°，旋翼朝下倒置水平旋转 360°
	5	机头朝上竖直旋转 360°，机头朝下竖直旋转 360°
	6	顺时针水平横滚 360°，逆时针水平横滚 360°
	7	运动完成后，将开关拨到 3D 档位，飞控指示灯变成蓝色则校准成功

需要重新校准的情况：

（1）指南针数据异常，飞行器状态指示灯显示红灯闪烁。

（2）飞行场地与上一次指南针校准的场地相距较远。

（3）飞行器机械结构发生变化。

（4）飞行时漂移比较严重，或者不能直线飞行。

校准注意事项：

（1）请勿在强磁场和强电场区域或大块金属附近校准，如磁矿停车场、带有地下钢筋的建筑区域或者室内有音箱的场所等。

（2）校准时请勿随身携带铁磁物质，如钥匙、手表、手机等。

（3）如果在室内校准指南针而在室外飞行时，切记重新校准，防止两个区域的磁场差异导致飞行过程中指南针异常。

（4）如果有钢铁类物质影响指南针校准时，应将飞行器移到其他位置重新校准。

实训任务 4 无人直升机的故障排除

技能点 1：软件调试常见问题

实施步骤与操作要点：

故障描述	排除方法
1. 软件提示GPS 连接异常	检查 GPS 插头是否松脱，线材是否从卡扣中脱落或者损坏，若损坏，需更换线材
2. 3 通道油门值过低	遥控器 3 通道行程范围过大导致，可以进入遥控器大小舵量界面，将 1~4 通道的最大、最小值缩小，减小行程范围。调整遥控器行程范围后，需要重新校准遥控器
3. 没有正、负螺距	将遥控器模式开关拨至 3D 档位，重新调试正、负螺距。必要时可拆下舵机臂，单击“零螺距”。重新安装舵机臂，调节螺距拉杆，使无人机螺距为零，再调节正、负螺距
4. 飞控红灯闪烁	指南针异常 没有进行指南针的校准或校准不成功，飞控红灯慢闪。应将房间内的音箱等带磁性的物品搬离房间，重新校准指南针，校准完成后，断开电池和 USB 线，将遥控器拨到 3D 档位，指示灯显示蓝色即可
5. 调试结束后飞控未修正	没有解锁起飞之前，十字盘是完全锁死的。只要按照规定步骤正确调试，飞控会自动修正

技能点 2：飞行测试常见问题

实施步骤与操作要点：

故障描述	排除方法
1. 启动设备，GPS 模式下操控遥控器无反应	外八解锁飞控，闪烁后松开摇杆，在绿灯闪烁期间拨动熄火开关，旋翼开始旋转
2. 无人机突然自动升高	无人机突然自动升高，操控遥控器也没有任何反应，这是由于无人机进入了低电量返航模式，先自动升高至 15m，然后往回飞至返航点上空，再旋转至对尾降落，此时无人机降落会非常缓慢，拉动遥控器摇杆，无人机也不会加速下降，耐心等待无人机降落，此过程大约需要 2min
3. 十字盘舵机不动	H1 飞控在 GPS 模式下或自动飞行模式下（受 5 通道和 8 通道的开关控制），十字盘舵机是不运动的。只有把 5 通道的模式开关切换成 3D 模式，十字盘舵机才会运动

任务评价

实训任务的评价指标及评分标准，详见“附录 D 无人直升机组装调试评分标准”。

拓展课堂

各种航空器的分类

★模型航空器，是指重于空气、有尺寸和重量限制、不载人，不具有控制链路回传遥控站（台）功能或者自主飞行功能，仅限在驾驶员目视视距内飞行或者借助回传图像进行第一视角遥控操纵飞行的无人驾驶航空器，包括自由飞、线控、无线电遥控模型航空器。

★遥控驾驶航空器，是指通过遥控站（台）驾驶的无人驾驶航空器，但不包括模型航空器。

★自主航空器，是指在飞行过程中，驾驶员全程或者阶段无法介入控制的无人驾驶航空器。

★无人机系统，是指无人机以及与其相关的遥控站（台）、任务载荷和控制链路等组成的系统。

★植保无人机，是指设计性能同时满足飞行真高不超过 30m、最大飞行速度不超过 50km/h、最大飞行半径不超过 2000m、最大起飞质量不超过 150kg，具备可靠被监视能力和空域保持能力，专门用于农林牧植保作业的遥控驾驶航空器。

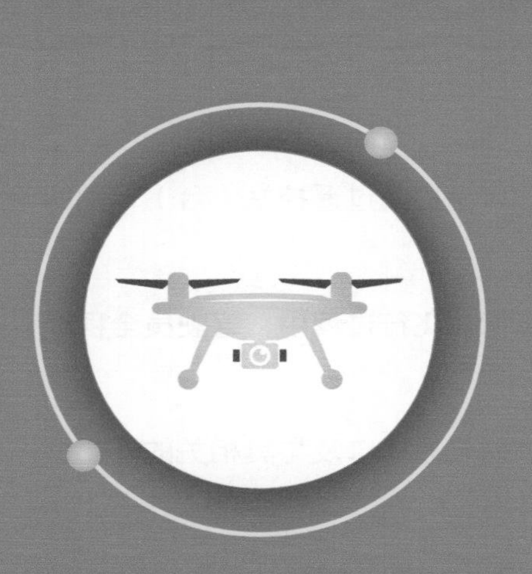

06

模块六

垂直起降固定翼无人机组装与调试

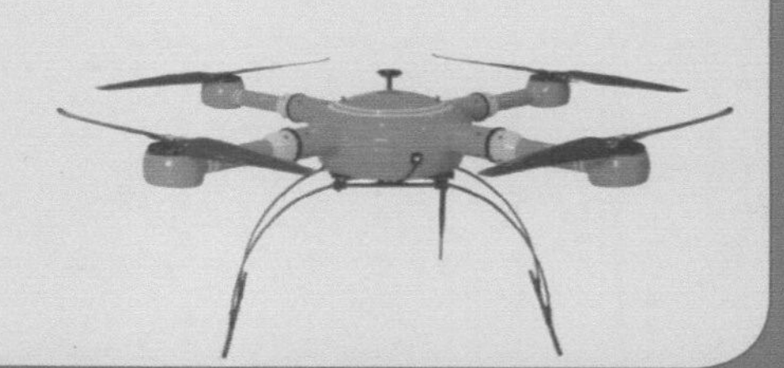

垂直起降技术是飞行器不需要滑跑就可以起飞和着陆的技术，它减小了对跑道的依赖，降低了使用成本，是目前各国都大力发展的技术。垂直起降固定翼无人机是一种有效结合多旋翼无人机垂直起降能力和固定翼无人机高效巡航能力的无人机。以美国 HQ 无人机为代表的复合翼无人机，提供了无人机垂直起降的新思路，该类无人机在固定翼飞行器上加装四旋翼系统，将四旋翼无人机和固定翼无人机合二为一。

能力目标

- 掌握垂直起降无人机的工作原理
- 能够完成垂直起降无人机的组装
- 能够对组装完成的垂直起降无人机进行调试

素养目标

- 培养工匠精神以及精益求精的工作态度
- 培养有效的写作能力和清晰的口语交流能力
- 培养承担风险能力以及责任心

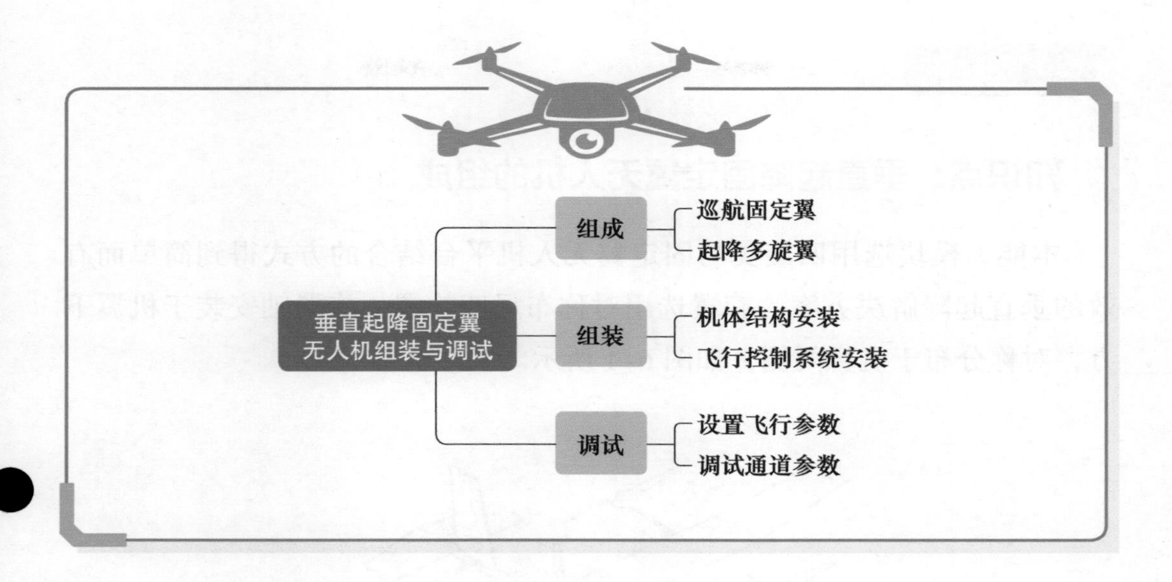

实训任务 1　垂直起降固定翼无人机的组装

任务概述

本实训任务包含“垂直起降固定翼无人机的组成”1 个知识点和“组装垂直起降固定翼无人机”1 个技能点，请大家在 < 任务实施 > 环节通过对这 1 个技能点的实践学习，逐步掌握垂直起降固定翼无人机的组装技能。

小组分工

班级		组号		指导老师	
组长		学号			
组员角色分配					
信息员		学号			
操作员		学号			
记录员		学号			
安全员		学号			
任务分工					
（就组织讨论、工具准备、数据采集、数据记录、安全监督、成果展示等工作内容进行任务分工）					

任务实施

知识点：垂直起降固定翼无人机的组成

本能力模块选用四旋翼与固定翼无人机平台结合的方式得到简单而有效的垂直起降解决方案，旋翼选用对称布局四旋翼，旋翼轴安装于机翼下方，对称分布于机身两侧，如图 6–1 所示。

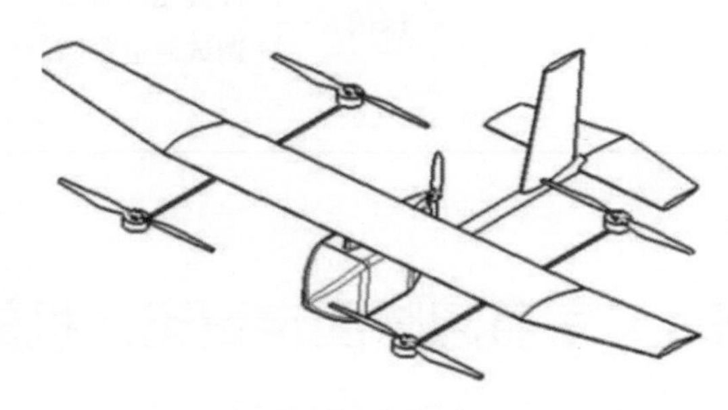

图 6–1 垂直起降固定翼无人机布局

图 6–2 为美国 HQ 无人机。

图 6–2 美国 HQ 无人机

技能点：组装垂直起降固定翼无人机

目前主流的垂直起降无人机大多采用四旋翼加固定翼模式，垂直起降固定翼无人机的核心为飞控系统，这里以金牛座 2 飞控为案例，讲解垂直起降固定翼无人机的组装过程。

物料清单：

序号	部件名称
1	常规混合翼无人机
2	主机模块 卫星罗盘模块 大气测量模块 航灯模块
3	数据链及接收机

实施步骤与操作要点：

步骤	操作要点
1. 安装机翼	根据固定翼无人机的要求完成无人机机翼的安装，注意电调、舵机的安装位置，本固定翼无人机选择 17g 舵机，安装完成后进行打胶
2. 安装尾翼	尾翼的安装方式与机翼类似，主要安装尾翼的舵机，本垂直起降无人机采用的是 17g 金属舵机，安装过程中注意尾翼的角度
3. 安装旋转电机	将无刷电机座安装在机翼下方的固定杆上，安装过程中需注意 4 个电机座的定位，保证各电机座之间的直线度、平行度和对称度
4. 安装电调	电调的安装和四旋翼无人机电调安装方式相同，安装过程中注意按照电调的位置做好标识
5. 安装主推电机及电调	安装固定翼无人机的主推电机，主要用于固定翼无人机飞行时提供飞行动力，安装过程中需添加垫片降低振动产生的影响
6. 安装主机模块	飞控尽可能水平安装，以保证内部减振结构工作在最佳状态

注意：此飞控支持以下 4 种安装角度

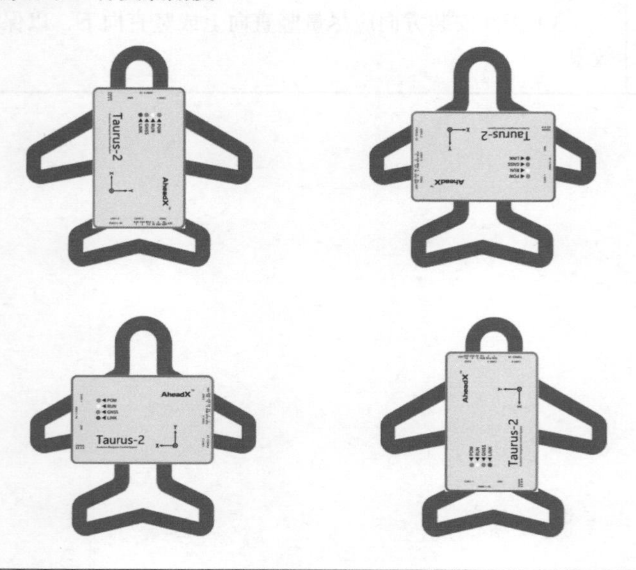

（续）

<table>
<tr><th>步骤</th><th>操作要点</th></tr>
<tr><td>7. 安装卫星罗盘模块</td><td>卫星罗盘模块内部集成电子罗盘与卫星接收机，支持 GPS/GLONASS（或北斗卫星导航系统），在安装设备时，要尽量远离以下设备：
（1）远离电机、电调、云台等大功率用电设备
（2）远离大电流供电线、分电线路板等容易产生电磁干扰的部件
（3）远离具有大功率辐射能力的无线电收发设备
（4）远离发动机，避免磁罗盘和振动的双重强烈干扰
（5）远离带磁螺钉、较大金属结构等可能对磁罗盘产生恒定偏转干扰的零部件
（6）避免使用频率在 1.2~1.6GHz 范围的无线电设备</td></tr>
<tr><td colspan="2">安装时注意以下事项：
（1）建议将卫星罗盘模块通过支撑杆支起，不要安装在舱内或其他封闭空间内
（2）卫星罗盘模块表面不可覆盖金属材料如铜箔等，不可覆盖吸波材料如碳纤维等，否则信号质量将会受到较大影响，飞行器将不能准确定位定向
（3）注意安装时卫星罗盘模块表面箭头所在平面应与机体坐标系 XY 平面平行，且箭头指向与机头指向保持一致，否则将导致航向测量出现异常，这将影响飞行安全</td></tr>
<tr><td>8. 安装航灯模块</td><td>垂直起降无人机可用 3 个航灯模块组成航行灯使用，一般安装在无人机左右机翼翼尖及尾部</td></tr>
<tr><td>9. 安装通信模块</td><td>（1）数据链路天线与数据链主机应保证可靠连接，天线应尽可能暴露在机体外部，尤其要避免被金属、碳纤维等具备电磁屏蔽能力的材料所遮挡
（2）通信模块为无线电设备，可能会对其他机载设备产生电磁干扰。安装时将天线远离飞控主机、卫星罗盘模块、舵机、电调、信号线等易受电磁干扰的设备或线路
（3）天线安装方向应尽量竖直向上或竖直向下，以保证水平远距离通信效果</td></tr>
</table>

实训任务 2　垂直起降固定翼无人机的调试

任务概述

本实训任务包含“设置飞行参数”“调试通道参数”2 个技能点，请大家在 <任务实施> 环节通过对这 2 个技能点的实践学习，逐步掌握垂直起降固定翼无人机的调试技能。

小组分工

班级		组号		指导老师	
组长		学号			
组员角色分配					
信息员		学号			
操作员		学号			
记录员		学号			
安全员		学号			
任务分工					
（就组织讨论、工具准备、数据采集、数据记录、安全监督、成果展示等工作内容进行任务分工）					

任务实施

技能点 1：设置飞行参数

实施步骤与操作要点：

步骤	操作要点
1. 飞控安装角调整	根据飞控安装位置，输入与实际相符的安装角参数，单击上传按钮 例如飞控箭头指向朝前，安装角的参数为：偏航角 0°、俯仰角 0°、滚转角 0°

（续）

步骤	操作要点
2. 卫星罗盘模块安装位置调整	天线编号选择通道 1 *X*– 前：卫星天线相对于飞控在机体坐标系的安装位置，前向为正 *Y*– 右：卫星天线相对于飞控在机体坐标系的安装位置，右向为正 *Z*– 下：卫星天线相对于飞控在机体坐标系的安装位置，下向为正 方向：用于校正 DG3 双天线定向参数
3. 航灯模块配置	选择航行灯模式时，可进行航行灯颜色及状态配置，配置完成后按照图示安装在机体指定位置
注意：如需连接 3 个以上智能航灯时，请使用外部电源供电，否则可能因供电不足而引发设备故障	
4. 大气测量模块双余度配置	2 个大气测量模块分别为通道 1 和通道 2 时才能组成双余度系统，如检测到 2 个大气测量模块通道相同，则修改其中任意一个通道属性

技能点 2：调试通道参数

确保螺旋桨已拆卸，不影响人员或设备安全后，将动力与舵机上电。确认飞控处于待飞模式后，打开基本配置→控制分配，下载舵机分配矩阵参数。

实施步骤与操作要点：

步骤	操作要点
1. 电机调整	PWM1~4 通道预设参数：最大值 1940；中立位 1520；最小值 1140；卸载值 920；方向正向 在动力上电前下载各通道参数，查看是否与上述一致，确认一致后，将旋翼上电，修改电机预旋油门 （1）将 1 通道卸载值设置为 1140，观察 1 号电机转速是否合适，如电机未起动或旋转较慢，继续按 10 递进增加 （2）确认电机预旋油门后，将该油门写入最小值，将卸载值修改为 920，上传参数。2~4 通道按相同方式配置
2. 副翼舵机调整	（1）在 PWM 舵机位置调整中选择 5 号舵机，下载参数 （2）调整舵机限位：调整中立位数值并上传，使舵机达到向上运动的最大行程（左滚），将该值写入最小值；同理，调整反方向运动最大行程，并写入最大值 （3）修改中立位：调整中立位数值并上传，使舵面与翼面齐平，保存参数
3. 俯仰舵机调整	（1）在 PWM 舵机位置调整中选择 6 号舵机，下载参数 （2）调整舵机限位：调整中立位数值并上传，使舵机达到向上运动的最大行程（拉杆），将该值写入最大值；同理，调整反方向运动最大行程，并写入最小值 （3）修改中立位：调整中立位数值并上传，使舵面与翼面齐平，保存参数

（续）

步骤	操作要点
4. 航向舵机调整	（1）在 PWM 舵机位置调整中选择 7 号舵机，下载参数 （2）调整舵机限位：调整中立位数值并上传，使舵机达到向左运动的最大行程（左转），将该值写入最小值；同理，调整反方向运动最大行程，并写入最大值 （3）修改中立位：调整中立位数值并上传，使舵面与翼面齐平，保存参数
5. 油门舵机调整	在 PWM 舵机位置调整中选择 8 号舵机，下载参数 电机：最大值 1940；中立位 1520；最小值 1100；卸载值 920；方向正向 发动机舵机： （1）最大油门调整：修改最小值并上传，使舵机达到最大油门（大车）位置，将该值写入最大值 （2）熄火位置调整：修改最小值并上传，使舵机达到熄火位置，将该值写入卸载值 （3）怠速油门调整：修改最小值并上传，使舵机达到怠速位置，保存参数
6. 伞舱舵机调整	（1）在 PWM 舵机位置调整中选择 7 号舵机，下载参数 （2）开伞位置调整：修改中立位并上传，使舵机达到开伞位置，将该值写入最大值 （3）关伞位置调整：修改中立位并上传，使舵机达到关伞位置，保存参数

任务评价

实训任务的评价指标及评分标准，详见“附录 E 垂直起降固定翼无人机组装调试评分标准”。

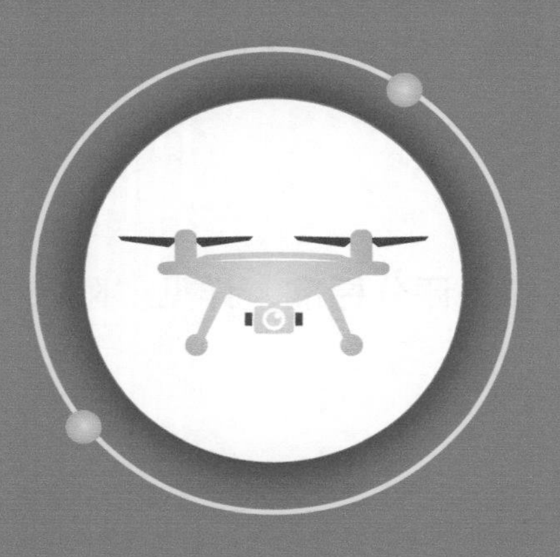

附 录

附录 A　多旋翼无人机飞行平台组装调试评分标准

附录 B　航拍任务设备组装调试评分标准

附录 C　植保任务设备组装调试评分标准

附录 D　无人直升机组装调试评分标准

附录 E　垂直起降固定翼无人机组装调试评分标准

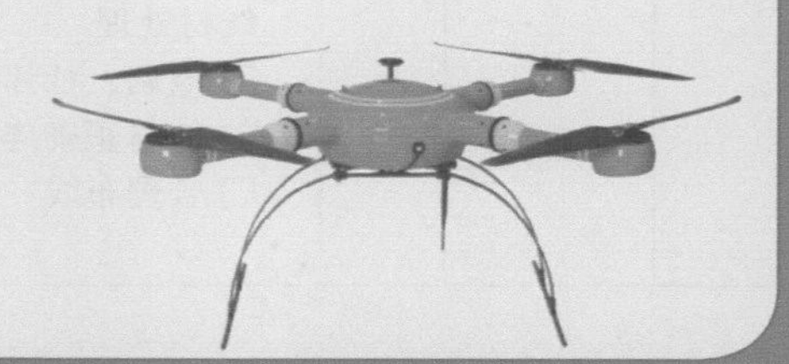

附录 A　多旋翼无人机飞行平台组装调试评分标准

学生姓名：_____________　学生学号：____________　操作用时：_____________min

序号	作业内容	配分	作业项目	分值	扣分	备注
1	安装准备	10	□ 规范着装入场(着装整洁、穿工作鞋、不戴首饰、挽起长发等)	2		如不符合标准，则由现场考评员(裁判)提醒并扣分
			检查组装配件是否齐全 □ 机身结构 □ 动力套装 □ 飞控套装	6		如不齐全或不满足使用要求，则由考生报告现场考评员补齐或更换，仍需检查
			组装工具是否齐全 □ 螺丝刀、工具钳 □ 3M 胶、热缩管、螺钉、立柱	2		
2	安装机体外观	37	安装机身结构 □ 组装脚架并连接下中心板 □ 组装机臂并连接下中心板 □ 组装任务挂载板并连接下中心板 □ 组装上中心板	12		如螺钉未紧固，则由现场考评员(裁判)扣分，每处未紧固扣 1 分
			安装动力套装 □ 安装电机 □ 安装电调 □ 安装桨叶	9		如出现电机倾斜、正反桨位置错误，由现场考评员(裁判)扣分，每处扣 1 分
			安装飞控套装 □ 主控朝前安装 □ PMU 焊接至分电板 □ LED 朝后安装 □ GPS 指向朝前	12		如出现主控朝向错误、LED 位置不合理、GPS 指向倾斜，由现场考评员进行扣分，每处扣 3 分
			线材处理 □ 电调、杜邦线、飞控套装等线材正确连接 □ 合理布线	4		如出现线材连接错误、插头连接不牢固的情况，每出现一次扣 1 分 如出现走线散乱，每出现一次扣 1 分

（续）

序号	作业内容	配分	作业项目	分值	扣分	备注
3	遥控器对频	6	□ 接收机正确接入飞控 □ 设置多旋翼模型类型 □ 遥控器与接收机对频	6		如未操作，则由现场考评员提醒并扣4分
4	调参	37	飞行器设置 □ 设置飞行器类型 □ 测试电机转向并调整	8		如未操作，则由现场考评员提醒并扣除对应项目分值 如参数写入错误，由现场考评员扣分，每处4分
			□ 写入主控及 GPS 安装位置	8		
			遥控器设置 □ 设置接收机类型及校准通道 □ 设置控制模式切换	8		
			□ 设置感度	4		
			高级设置 □ 设置失控保护 □ 设置低电压警告 □ 设置飞行限制	9		
5	整机测试	10	通电检查 □ 检查 GPS 定位是否正常 □ 电机无异响	4		如未操作，则由现场考评员提醒并扣除对应项目分值 如无人机未能起飞，则扣10分
			□ 校准地磁	2		
			起飞测试 □ 起飞悬停测试 □ 各通道打杆测试	4		
			合计	100		

考核成绩：__________ 教师签字：__________

附录 B 航拍任务设备组装调试评分标准

学生姓名：__________ 学生学号：__________ 操作用时：__________min

<table>
<tr><th>序号</th><th>作业内容</th><th>配分</th><th>作业项目</th><th>分值</th><th>扣分</th><th>备注</th></tr>
<tr><td rowspan="2">1</td><td rowspan="2">安全准备</td><td rowspan="2">10</td><td>□ 规范着装入场（着装整洁、穿工作鞋、不戴首饰、挽起长发等）</td><td>2</td><td></td><td>如不符合标准，则由现场考评员（裁判）提醒并扣分</td></tr>
<tr><td>检查组装配件是否齐全
□ 云台相机
□ 图传发射端
□ 图传接收端
□ 拆装工具</td><td>8</td><td></td><td>如不齐全或不满足使用要求，则由考生报告现场考评员补齐或更换，仍需检查</td></tr>
<tr><td rowspan="2">2</td><td rowspan="2">安装云台相机</td><td rowspan="2">25</td><td>□ 固定云台主体
□ 固定相机</td><td>10</td><td></td><td>固定须牢固，若松动，现场考评员（裁判）提醒并扣分，每处扣 2 分</td></tr>
<tr><td>连接线路
□ 连接主控模块
□ 连接接收机
□ 连接电源</td><td>15</td><td></td><td>如未操作，则每项扣 5 分，如线路连接错误，每处扣 3 分</td></tr>
<tr><td rowspan="2">3</td><td rowspan="2">安装图传系统</td><td rowspan="2">25</td><td>天空端安装
□固定天空发射端
□连接相机图传线与电源</td><td>10</td><td></td><td>如未操作，则每项扣 5 分，如连接错误，扣 3 分</td></tr>
<tr><td>地面端安装
□组装地面接收端
□连接显示器
□连接电源</td><td>15</td><td></td><td>如连接错误，则每处扣 3 分</td></tr>
<tr><td>4</td><td>线材处理</td><td>5</td><td>□ 正确连接线路，合理布局</td><td>5</td><td></td><td>如出现线材连接错误、插头连接不牢固的情况，每出现一次扣 1 分
如出现走线散乱，每出现一次扣 1 分</td></tr>
</table>

（续）

序号	作业内容	配分	作业项目	分值	扣分	备注
5	调试云台	10	□设置云台工作模式	5		如未设置，则每项扣5分
			□设置云台控制开关	5		
6	调试相机	15	□SD卡格式化	5		如未操作，则每项扣5分
			□设置语言格式	5		
			□设置相机电视输出	5		
7	调试图传	10	□通电调频，检查图传效果	10		接收图形清晰，无雪花。如调试未找到图像，则由现场考评员扣5分
			合计	100		

考核成绩：__________ 教师签字：__________

附录 C　植保任务设备组装调试评分标准

学生姓名：__________　学生学号：__________　操作用时：__________min

序号	作业内容	配分	作业项目	分值	扣分	备注
1	安全准备	10	□ 规范着装入场（着装整洁、穿工作鞋、不戴首饰、挽起长发等）	2		如不符合标准，则由现场考评员（裁判）提醒并扣分
			检查组装配件是否齐全 □ 植保套装 □ 拆装工具	8		如不齐全或不满足使用要求，则由考生报告现场考评员补齐或更换，仍需检查
2	安装降压式电调	25	□ 固定降压式电调	5		如松动，扣 2 分
			连接各模块 □ 连接电源 □ 连接水泵 □ 连接飞控信号接口 □ 连接飞控液位计接口	20		如未操作，则每项扣 5 分，如线路连接错误，每处扣 3 分
3	安装水泵	10	□ 固定水泵	5		如松动，扣 2 分
			□ 接入电源	5		如连接错误，则扣 3 分
4	安装水箱	10	□ 水箱打孔，组装水管连接头	5		打孔位置不合理，扣 3 分
			□ 水箱固定至任务搭载板	5		如松动，扣 2 分
5	安装水管	5	□ 正确安装水管并保证美观	5		水管未固定，扣 2 分
6	安装喷头	5	□ 组装喷头，将喷头固定在相应位置	5		位置固定错误，扣 3 分
7	调参	15	□ 通电连接设备	5		如未操作，则每项扣 5 分，通电顺序错误，扣 3 分 参数设置错误，每处扣 2 分，最高扣 4 分
			□ 遥控器校准	5		
			□ 喷洒设置	5		

（续）

序号	作业内容	配分	作业项目	分值	扣分	备注
8	测试	20	□ 水箱加入适量水	5		如未操作，则每项扣3分，如出现漏水情况且未解决，扣3分
			□ 检查水泵出水控制	5		
			□ 检查喷头雾化效果	5		
			□ 检查连接处有无漏水并解决问题	5		
合计				100		

考核成绩：__________ 教师签字：__________

附录 D　无人直升机组装调试评分标准

学生姓名：__________　学生学号：__________　操作用时：__________min

序号	作业内容	配分	作业项目	分值	扣分	备注
1	安全准备	12	□ 规范着装入场（着装整洁、穿工作鞋、不戴首饰、挽起长发等）	2		如不符合标准，则由现场考评员（裁判）提醒并扣分
			检查组装配件是否齐全 □ 机身结构 □ 飞控、舵机 □ 拆装工具	10		如不齐全或不满足使用要求，则由考生报告现场考评员补齐或更换，仍需检查
2	组装	30	□ 固定尾翼	5		转动齿轮，伺服舵机、尾舵组装合理，出现错位或偏移的情况，每错一项扣 2 分，扣完为止 桨叶方向、接收机接口错误，扣除该项目分 插头及连接处不牢固情况，每出现一次扣 1 分
			□ 安装尾桨	5		
			□ 安装飞控	5		
			□ 安装 GPS 模块	5		
			□ 连接飞控	5		
			□ 安装接收机	5		
3	调试	48	□ 装配调参软件	5		调试结束后出现舵机反向、十字盘不平、螺距不合理等，适当扣除对应项目分 如未操作，则由现场考评员提醒并扣除项目分
			□ 调试遥控器	8		
			□ 校准行程	8		
			□ 调平十字盘	6		
			□ 调试螺距	6		
			□ 调整尾桨	5		
			□ 设置返航电压	5		
			□ 校准磁力计	5		
4	测试飞行	10	□ 接入电池，测试飞行效果	10		直升机能够平稳飞行，得 10 分，起飞后炸机不得分
总分				100		

考核成绩：__________教师签字：__________

附录 E　垂直起降固定翼无人机组装调试评分标准

学生姓名：________　学生学号：________　操作用时：________min

序号	作业内容	配分	作业项目	分值	扣分	备注
1	安全准备	14	□ 规范着装入场（着装整洁、穿工作鞋、不戴首饰、挽起长发等）	2		如不符合标准，则由现场考评员（裁判）提醒并扣分
			检查组装配件是否齐全 □ 机身结构 □ 飞控套装 □ 拆装工具	12		如不齐全或不满足使用要求，则由考生报告现场考评员补齐或更换，仍需检查
2	安装机身	20	□ 安装机翼	4		机翼、电机、螺旋桨、电调、尾翼安装合理则得分，如出现重心偏移、螺旋桨左右不对称等安装不合理的情况，每项每次扣 2 分，扣完为止
			□ 安装尾翼	4		
			□ 安装旋转电机	4		
			□ 安装电调	4		
			□ 安装主推电机及电调	4		
3	安装飞控	16	□ 安装主机模块	4		按照装机位置要求安装，如安装位置不合理，每处扣 2 分
			□ 安装卫星罗盘模块	4		
			□ 安装航灯模块	4		
			□ 安装通信模块	4		
4	飞控调试	20	□ 飞控安装角调整	5		如未操作，则每项扣 4 分 如参数配置错误，错误一处扣 2 分，扣完为止
			□ 卫星罗盘模块安装位置调整	5		
			□ 航灯模块配置	5		
			□ 大气测量模块双余度配置	5		
5	舵机调试	30	□ 电机调整	5		下载参数并调整舵机限位，写入最大、最小、卸载值并保存。写入参数错误，每次扣 1 分，写入后未保存，扣 3 分
			□ 副翼舵机调整	5		
			□ 俯仰舵机调整	5		
			□ 航向舵机调整	5		
			□ 油门舵机调整	5		
			□ 伞舱舵机调整	5		
总分				100		

考核成绩：________　教师签字：________

参考文献

[1] 大疆创新. Naza-M V2快速入门手册［EB/OL］.（2014-05-12）［2023-02-19］. https://dl.djicdn.com/downloads/nazam-v2/cn/NAZA-M_Quick_Start_Guide_v1.26_cn.pdf.

[2] TAROT. ZYX T-3D Ⅲ 用户手册［EB/OL］.（2016-01-18）［2023-02-19］. https://www.scribd.com/document/494790625/ZYX-T3D-III-01-18-cn.

[3] 致导科技. 金牛座2用户手册［EB/OL］.（2022-04-24）［2023-02-19］. https://cloud.aheadx.com/app/api/user/templates/Taurus-2/index.html.

[4] 中国民用航空局空管行业管理办公室. 民用无人驾驶航空器系统空中交通管理办法［EB/OL］. (2016-09-21)［2023-02-19］. http://www.caac.gov.cn/XXGK/XXGK/GFXWJ/201610/P020161008345668760913.pdf.

[5] 中国民用航空局政策法规司. 中华人民共和国飞行基本规则［EB/OL］. (2001-07-27)［2023-02-19］. http://www.caac.gov.cn/XXGK/XXGK/FLFG/201510/t20151029_2792.html.

[6] 中国民用航空局. 无人驾驶航空器飞行管理暂行条例（征求意见稿）［EB/OL］.（2018-01-26）［2023-02-19］. http://www.caac.gov.cn/HDJL/YJZJ/201801/P020180126686374828134.doc.

[7] 飞翼航空. FW450L智能直升机快速入门指南［EB/OL］.（2023-02-17）［2023-02-19］. http://www.flywingrc.com/upload/excel/20230516/e3f2152158796d8ea137e64b2ff7dacb.pdf.

[8] 飞翼航空. H1用户手册［EB/OL］.（2023-02-17）［2023-02-19］. http://www.flywingrc.com/upload/excel/20230410/ac5b5f1f903848689fd422038ab9bd08.pdf.

[9] 孙毅. 无人机驾驶员航空知识手册［M］. 北京：中国民航出版社，2014.

[10] 冯秀. 无人机结构与系统［M］. 北京：机械工业出版社，2019.